Mai 1913.

Königliche Technische Hochschule zu Berlin.

MITTEILUNGEN

der

Prüfungsanstalt für Heizungs- und Lüftungseinrichtungen

(Vorsteher: Professor Dr. techn. K. Brabbée.)

Heft 4.

MÜNCHEN UND BERLIN.
Druck und Verlag von R. Oldenbourg.
1913.

Inhaltsverzeichnis.

Versuche über das Einrohrsystem bei Warmwasserheizungen.

Nicht selten treten in der Praxis Klagen auf, daß einzelne Heizkörper einer nach dem Einrohrsystem ausgeführten Warmwasserheizung nicht richtig zirkulieren. Die Klärung der bezüglichen Verhältnisse erschien um so wichtiger, als gerade bei den neueren Pumpenheizungen das Einrohrsystem wieder mehr zur Anwendung gelangt war. Im Auftrage des Herrn Geheimrats Professor Dr.-Ing. Rietschel wurden daher seinerzeit in der Prüfungsanstalt eine Reihe von Versuchen durchgeführt, über die kurz berichtet werden soll.

I. Versuchsanordnung (s. Fig. 1).

Zu den Versuchen wurde das im Obergeschoß der Anstalt befindliche, sorgfältig isolierte Warmwasserbereitungsgefäß A von 2000 l Inhalt benutzt. Die Erwärmung des Wassers erfolgte durch ein System kupferner Rohre B, die, um ihr Nachheizen zu verhindern, nach Abstellen des Dampfes mit kaltem Wasser durchgespült werden konnten. Ein Fernwasserstandszeiger C und ein Fernthermometer D gaben im Maschinenraum (Schalttafel E), von wo die Füllung und Heizung des Gefäßes erfolgte, Wasserstand und Temperatur des Wassers an; besondere Klingelwerke F alarmierten bei Höchst- und Niedrigstwasserstand. Zwei Rührwerke G, die mit Rücksicht auf die notwendige Reserve einzeln mit Elektromotoren ausgestattet waren, sicherten eine gleichmäßige Wassererwärmung.

Für die vorliegenden Arbeiten, bei denen größere Wassermengen längere Zeit hindurch gebraucht wurden, reichte der Inhalt des Gefäßes nicht aus, und es mußte daher Wasser beliebiger, aber konstanter Temperatur nachgespeist werden. Zu diesem Zweck wurde neben dem Gefäß ein Mischhahn H angebracht, der in eigenartiger Weise Wasserleitungswasser durch unmittelbar zugeführten Frischdampf auf jede beliebige Temperatur erwärmte und die gewünschte Temperatur konstant einzuhalten gestattete. Hierzu war nur erforderlich, den Wasserdruck und die Dampfspannung richtig einzuregeln. Ersteres erfolgte durch das Drosselventil J, letzteres unter Verwendung des Hochdruck-Mitteldruck-Niederdruckdampfverteilers K.

Das auf diese Weise erwärmte Wasser von unveränderlicher Temperatur floß durch die Leitung L den nach dem Einrohrsystem angeschlossenen Versuchsheizkörpern 1 bzw. 2 zu. Zum Absperren des Fallstranges dienten die Schieber S bzw. S_0, zur Einschaltung von Widerständen in die Umgehungsleitung L_1 (Zwischenrohr) Schieber S_1, zum Drosseln des Heizkörper-Rücklaufes Schieber S_2, zum Absperren der Entlüftungsleitung Schieber S_3, während die Drosselung des Heizkörpervorlaufes durch das Exaktregulierventil V erfolgte.

Die Wassertemperatur im Fallstrang wurde durch das Thermometer T_0, die Vorlauftemperatur durch T_1, die Rücklauftemperatur durch T_2, die Misch-

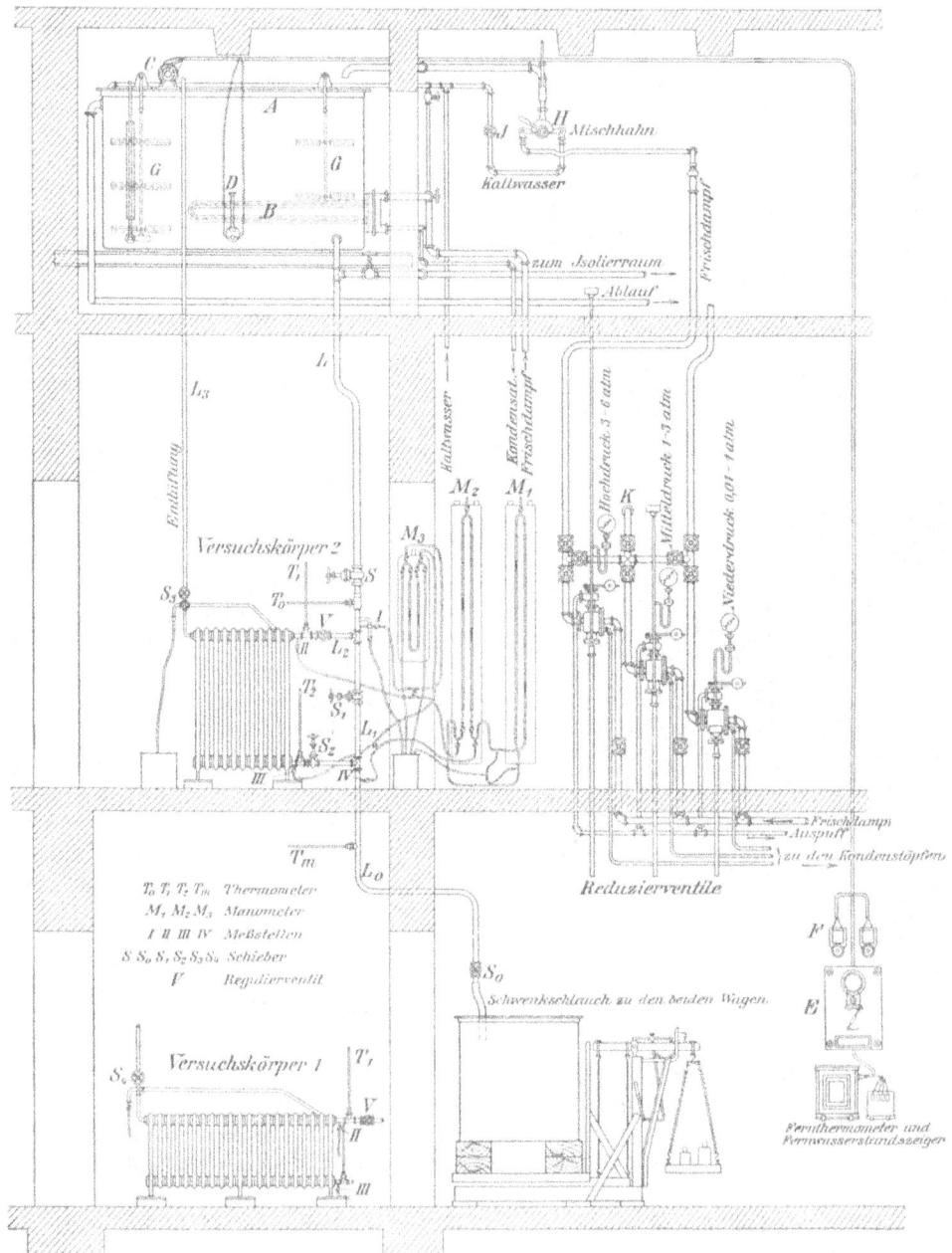

A
C
G   G
D
B
J   H   Mischhahn
Kaltwasser
zum Isolierraum
Ablauf
Frischdampf

L_3 L_1

Entlüftung

Kaltwasser

Kondensat.
Frischdampf

Hochdruck 5–6 atm.

Mitteldruck 1–3 atm.

Niederdruck 0,01–1 atm.

Versuchskörper 2

M_2 M_1

M_3

S_3 T_1 S
                T_0
            V
            II L_2
        T_2
            S_1
            S_2 L_1
        III IV

K

Frischdampf
Auspuff
zu den Kondenstöpfen

T_m L_0

T_0 T_1 T_2 T_m Thermometer
M_1 M_2 M_3 Manometer
I II III IV Meßstellen
S S_0 S_1 S_2 S_3 S_4 Schieber
V Regulierventil

Reduzierventile

F

E

S_0

Schwenkschlauch zu den beiden Wagen.

S_4 Versuchskörper 1 T_1
                    V
                    II
                    III

Fernthermometer und
Fernwasserstandszeiger

Fig. 1.

temperatur durch T_m gemessen, wozu bemerkt sei, daß alle Thermometer von der Physikalisch-Technischen Reichsanstalt geeicht waren. Selbstverständlich konnten für den Fallstrang L wie auch für die Anschlußleitungen und die Umgehungsleitung Rohre verschiedenen Durchmessers verwendet werden. Aus L_0

floß das Wasser unter Zuhilfenahme eines Gummischlauches abwechselnd in zwei im Maschinenraum aufgestellte Wagen, von denen eine in der Figur ersichtlich ist.

Da bei den Versuchen von vornherein beabsichtigt war, so weit als nur irgend möglich die in Frage kommenden Widerstände zu messen, wurden folgende Einrichtungen zur Druckmessung getroffen. Die Versuchsrohrleitungen erhielten an den in der Fig. 1 mit I, II, III, IV bezeichneten Stellen innen sorgfältig ausgeglättete Bohrungen von 3 mm l. W., die durch darüber gesetzte, mit Hähnen versehene Messingröhrchen und Schlauchverbindungen mit den Manometern M_1, M_2 und M_3 in Verbindung standen.

Wie anderweitige Versuche der Anstalt gezeigt haben, wird durch derartige Anbohrungen der statische Druck an der Meßstelle nicht richtig auf die Meßgeräte übertragen, denn die Anbohrungen führen unter Einfluß des vorüberströmenden Wassers eine Verminderung des Druckes an der Meßstelle herbei, der rd. 15% der Geschwindigkeitshöhe beträgt. Für den vorliegenden Fall wurden die Messungen stets als Differenzmessungen, und zwar derart vorgenommen, daß an den Meßstellen die gleiche Wassergeschwindigkeit vorhanden und sonach obiger Einfluß ausgeschaltet war. Nach eingehenden Vorversuchen, die insbesondere wegen der schwierigen Entlüftung der ganzen Versuchseinrichtung äußerst zeitraubend waren, wurden als zweckmäßig folgende Manometer erkannt:

a) Ein gewöhnliches, aber geschlossenes Wassermanometer M_2, das die Größe der Widerstände unmittelbar in mm WS anzeigte.

b) Ein Differentialmanometer M_1 mit den Flüssigkeiten Wasser und darüber Petroleum. Durch Vergleich mit dem Wassermanometer ergab sich, daß das Instrument die auftretenden Druckdifferenzen in 4,35facher Vergrößerung anzeigte.

c) Ein Differentialmanometer M_3 mit den Flüssigkeiten Quecksilber und darüber Wasser. Für dieses wurde durch Eichversuche der Übersetzungsfaktor mit 12,7 : 1 bestimmt.

Die Manometer, die unter Betätigung der in der Figur angedeuteten Hähne und Schlauchleitungen zu jeder Zeit gut entlüftet werden konnten, besaßen in ihren Schenkeln Thermometer, die eine rechnerische Reduktion der Ausschläge auf mm WS von 4° C ermöglichten.

Auf diese Weise konnte gefunden werden:

a) bei Schließen des Schiebers S_1 und Benutzung der Meßpunkte I und IV: der Widerstand i m H e i z k ö r p e r k r e i s;

b) bei Schließen des Schiebers S_1 und Benutzung der Meßpunkte II und III der Widerstand i m H e i z k ö r p e r;

c) bei Schließen des Ventils V und des Schiebers S_2, sowie Öffnung des Schiebers S_1 und Benutzung der Meßpunkte I und IV: der Widerstand i m Z w i s c h e n r o h r L_1.

Die Widerstandsmessung war aus folgenden Gründen nicht völlig einwandfrei:

a) Die Anordnung gestattete die Bestimmung jener Widerstände nicht, die bei g l e i c h z e i t i g e m Fließen des Wassers durch Heizkörper u n d Zwischenrohr auftraten. Gerade aber diese Strömung bestand im Betriebe und beeinflußte den Widerstand in beiden Kreisen. Jedoch zeigten weitere Untersuchungen, daß die Messungen für den vorliegenden Zweck ausreichten,

1*

während für eine genaue Bestimmung der einmaligen Widerstände selbstverständlich die gleichzeitige Wasserbewegung einzuleiten war[1].

β) Bei den Widerstandsmessungen unter Verwendung von heißem Wasser mußte die Beeinflussung der Ausschläge durch die Wirkung der auftretenden Temperaturdifferenzen berücksichtigt werden. Trotz aller Vorsichtsmaßregeln (Anwendung horizontaler Meßleitungen, in denen sich die verschieden erwärmten Wasserfäden hin und her schoben, sorgfältige Beobachtung der Flüssigkeitstemperaturen) ließen sich die Messungen nicht absolut genau vornehmen. Durch Einführung bestimmter Nullpunktskorrektionen konnte aber auch hier die für die vorliegende Arbeit notwendige Genauigkeit erreicht werden.

γ) Die unwesentlichen Widerstände, die in den kleinen Rohrstrecken von den Meßstellen bis zu den Knien auftraten, konnten nur proportional ihrer Länge berücksichtigt werden.

Als Versuchsheizkörper wurden zwei Lollar-Radiatoren verwandt, und zwar:

Heizkörper 1: l a n g und n i e d r i g mit 21 Gliedern, 660 mm Bauhöhe und einer Heizfläche von 5,21 qm;

Heizkörper 2: k u r z und h o c h mit 11 Gliedern, 1145 mm Bauhöhe und einer Heizfläche von 5,11 qm.

Da dem Versuchswasser, wie bereits erwähnt, Frischwasser zugeführt werden mußte, bei dem reichliche Luftabscheidung erfolgte, stellte sich im Verlauf der Arbeiten die Notwendigkeit einer dauernden Entlüftung der Heizkörper heraus, die unter Anbohrung eines Elementes durch die in der Figur ersichtliche Entlüftungsleitung L_3 erfolgte.

II. Theoretische Grundgleichung.

Bezeichnet unter Berücksichtigung nebenstehender Fig. 2:

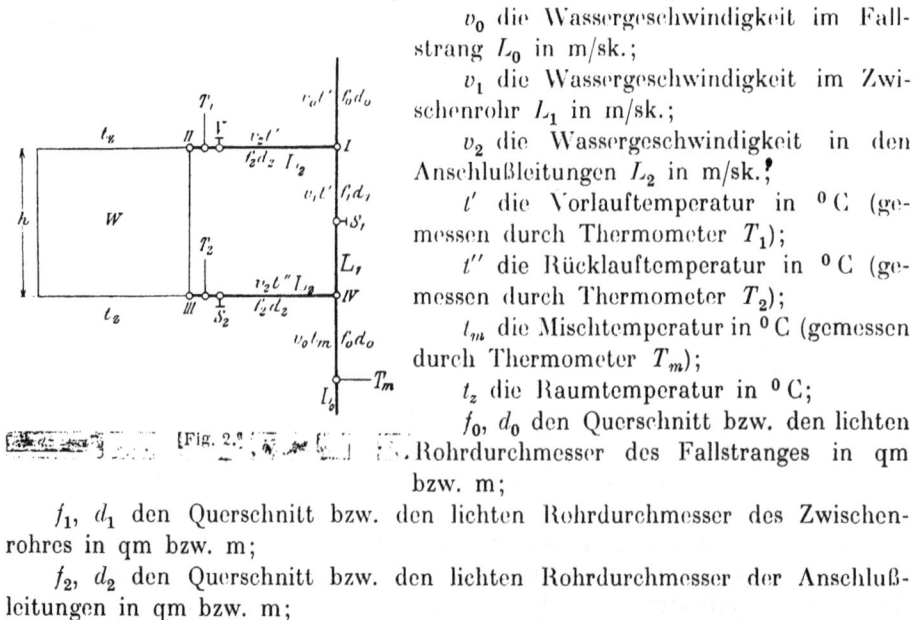

[Fig. 2.]

v_0 die Wassergeschwindigkeit im Fallstrang L_0 in m/sk.;

v_1 die Wassergeschwindigkeit im Zwischenrohr L_1 in m/sk.;

v_2 die Wassergeschwindigkeit in den Anschlußleitungen L_2 in m/sk.;

t' die Vorlauftemperatur in ^{0} C (gemessen durch Thermometer T_1);

t'' die Rücklauftemperatur in ^{0} C (gemessen durch Thermometer T_2);

t_m die Mischtemperatur in ^{0} C (gemessen durch Thermometer T_m);

t_z die Raumtemperatur in ^{0} C;

f_0, d_0 den Querschnitt bzw. den lichten Rohrdurchmesser des Fallstranges in qm bzw. m;

f_1, d_1 den Querschnitt bzw. den lichten Rohrdurchmesser des Zwischenrohres in qm bzw. m;

f_2, d_2 den Querschnitt bzw. den lichten Rohrdurchmesser der Anschlußleitungen in qm bzw. m;

---

[1] S. hierüber die späteren Veröffentlichungen der Anstalt.

W die Wärmeabgabe des Heizkörpers in WE/st.;

h die wirksame Höhe des Heizkörpers in m;

I, II, III, IV die Meßstellen;

Z_2 den Gesamtwiderstand im Heizkörperkreis, das ist über die Strecke:
I, T-Stück, Ventil V, Thermometer T_1, II, Heizkörper, III, Thermometer T_2, Schieber S_2, T-Stück, IV;

Z_1 den Gesamtwiderstand im Zwischenrohr, das ist über die Strecke:
I, T-Stück, Schieber S_1, T-Stück, IV;

γ' das spezifische Gewicht des Vorlaufwassers von der Temperatur t';

γ'' das spezifische Gewicht des Rücklaufwassers von der Temperatur t'';

a den Quotienten $\dfrac{\gamma'' - \gamma'}{\dfrac{\gamma' + \gamma''}{2}}$

so läßt sich die Gleichung 146 des »Leitfadens«[1]) (4. Auflage, I. Teil, S. 259), die die Bedingungen für die Zirkulation im Heizkörper angibt, in folgender Form schreiben:

$$\frac{v_2^2}{2\,g}\,Z_2 = a\,h + \frac{v_1^2}{2\,g}\,Z_1 \qquad\ldots\ldots\ldots\ldots 1)$$

III. Folgerungen aus dieser Gleichung und Ergebnis diesbezüglicher Versuche.

1. Bleibt die rechte Seite der Gleichung unverändert, so wird v_2 kleiner, wenn Z_2 zunimmt, d. h.: Die Zirkulation des Heizkörpers wird selbstverständlich um so schlechter, je größer der Widerstand im Heizkörperkreis ist.

Heizkörper 1. Wassergeschwindigkeit v_0 0,51 m/sk.
Heizkörperanschlüsse 0,025 m Durchm., Zwischenrohr 0,025 m Durchm..
Vorlauftemperatur zwischen rd. 90 und 80 ° C.

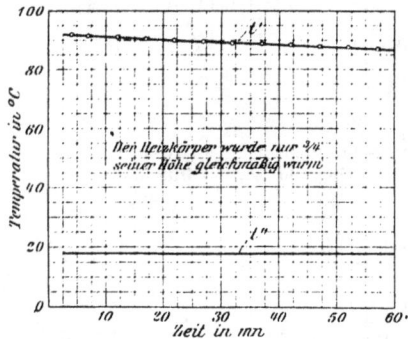

Fig. 3. Mit Verteilrohr.   Fig. 4. Ohne Verteilrohr.

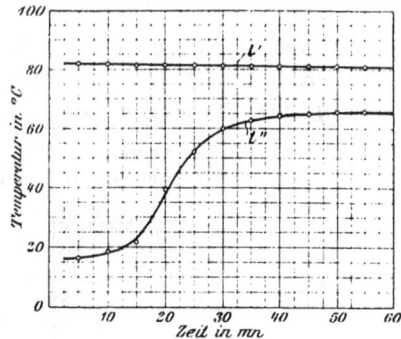

Interessante Beobachtungen über die Größe dieses Einflusses konnten in folgendem Fall gemacht werden. Es herrscht hier und da die Anschauung, daß lange niedrige Heizkörper, die nach dem Einrohrsystem angeschlossen werden, nur in den ersten, dem Anschluß nahegelegenen Elementen warm werden und daher zur gleichmäßigen Erwärmung des Wassers eines sog. »Verteilrohres« bedürfen. Als solches wurde ein beiderseits offenes Rohr von 25 mm l. W. verwandt, das in die untere Nippelreihe bis zur Heizkörpermitte eingebaut wurde.

---

[1]) H. Rietschel, Leitfaden zum Berechnen und Entwerfen von Lüftungs- und Heizungsanlagen.

Die Versuche zeigten zunächst deutlich, daß die Anwendung eines solchen Rohres überflüssig sei, da bei sämtlichen Leitungsanordnungen, bei sämtlichen Vorlauftemperaturen und sämtlichen Wassergeschwindigkeiten beide Heizkörper ohne Verteilrohr in allen Gliedern gleichmäßig warm wurden. Wie sehr durch Einführung eines solchen Rohres Z_2 vergrößert und sonach v_2 verkleinert wird, wie ungünstig also eine derartige Anordnung für eine gute Zirkulation ist, zeigen die Fig. 3 und 4.

Der Heizkörper mit Verteilrohr wurde nur auf ¾ seiner Höhe gleichmäßig warm (Fig. 3), und nach 60 Minuten zeigte das Rücklaufwasser immer noch Raumtemperatur, während unter sonst gleichen Umständen der Heizkörper ohne Verteilrohr vollständig gleichmäßig warm wurde, bereits nach 45 Minuten Beharrungszustand zeigte und hierbei eine Rücklauftemperatur von 65° erreichte.

2. Für $\dfrac{v_2^2}{2g} Z_2 = a h$ wird $v_1 = 0$, d. h.: Reicht die Temperaturdruckhöhe $a h$ bei einer geringen Geschwindigkeit v_2 hin, den Gesamtwiderstand im Heizkörperkreis

Fig. 5.

zu überwinden, so wird der Fallstrang abgeschnitten. Es tritt somit die Wasserbewegung nur über den Heizkörper und nicht gleichzeitig auch über den Fallstrang ein. Erkannt wird dieser Zustand daran, daß die Mischwassertemperatur dauernd der Heizkörper-Rücklauftemperatur gleich bleibt, wie dies aus Fig. 5 ersichtlich ist.

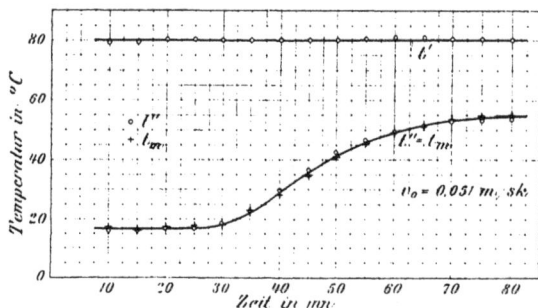

3. v_2 wächst mit $a h$, d. h. die Zirkulation im Heizkörper hängt ab:
α) von den auftretenden Temperaturen,
β) von der Heizkörperhöhe.

Vorlauftemperatur rd. 80° C. Wassergeschwindigkeit v 0,2 m/sk.
Heizkörperanschlüsse 0,025 m Durchm., Zwischenrohr 0,025 m Durchm.

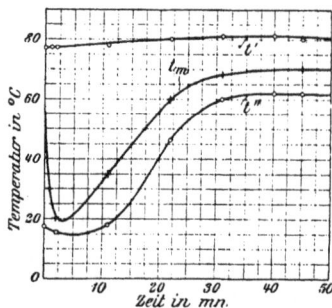

Fig. 6. Vorlauftemperatur rd. 80° C.

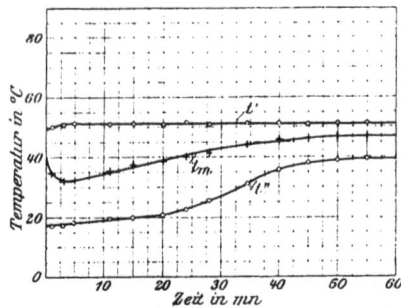

Fig. 7. Vorlauftemperatur rd. 50° C.

Zu α) wäre zu bemerken, daß bei der untersuchten Anordnung die Zirkulation im Heizkörper (unter sonst gleichen Umständen) von den auftretenden Temperaturen nur unwesentlich beeinflußt wurde. Den Beweis hierfür geben die Fig. 6 und 7, die sich hinsichtlich des zeitlichen Verlaufes der Temperaturlinien ähneln.

Bezüglich des Punktes β) wäre hervorzuheben, daß die Heizkörperhöhe, indem sie gleichzeitig auch den Summanden $\frac{v_1^2}{2\,g}\,Z_1$ beeinflußt, bei ihrem Wachsen eine wesentlich bessere Zirkulation im Heizkörper mit sich bringt.

Heizkörper 2. Wassergeschwindigkeit $v_0 = 0,13$ m/sk.
Heizkörperanschlüsse 0,025 m Durchm., Zwischenrohr 0,025 m Durchm.

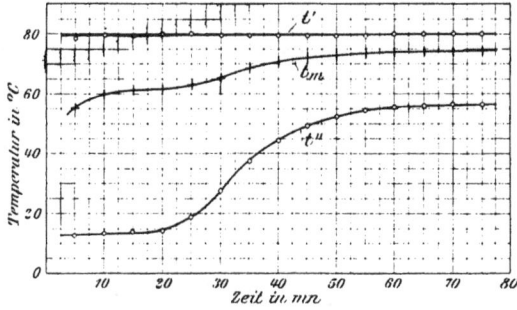

Fig. 8. Heizkörper 1; wirksame Höhe 0,58 m.   Fig. 9. Heizkörper 2; wirksame Höhe 1 m.

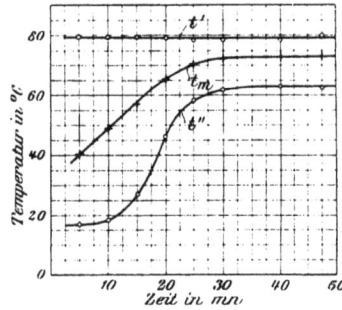

Die Diagramme der Fig. 8 und 9 geben hierüber ein anschauliches Bild. Während bei dem hohen Heizkörper 2 bereits nach 30 Minuten der Beharrungszustand mit einer Rücklauftemperatur von 63° erreicht war, betrug die Rücklauftemperatur bei dem niedrigen Heizkörper 1 nach dieser Zeit erst 28°; der Beharrungszustand wurde erst nach 70 Minuten mit einer Rücklauftemperatur von 57° erreicht. Die bei beiden Heizkörpern verwendete verschiedene Elementenzahl spielte hierbei nur eine untergeordnete Rolle.

4. Unter sonst gleichen Umständen nimmt mit wachsendem v_1 auch v_2 zu, d. h.: Wird auch die Geschwindigkeit im Fallstrang noch so groß, d e r H e i z - k ö r p e r k a n n n i e a b g e s c h n i t t e n w e r d e n, sondern es wird im

Heizkörper 2. Vorlauftemperatur rd. 80° C.
Heizkörperanschlüsse 0,025 m Durchm., Zwischenrohr 0,025 m Durchm.

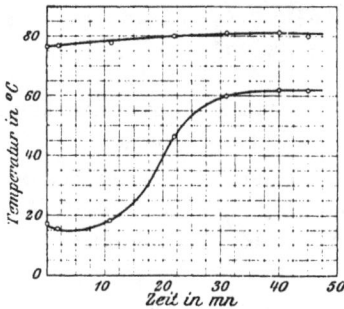

Fig. 10. Wassergeschwindigkeit   Fig. 11. Wassergeschwindigkeit
im Fallstrang $v_0 = 0,13$ m/sk.   im Fallstrang $v_0 = 1,94$ m/sk.

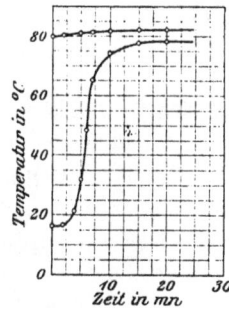

Gegenteil bei wachsender Geschwindigkeit im Fallstrang die Zirkulation im Heizkörper wesentlich besser. Aus den Fig. 10 und 11 geht hervor, daß bei der kleinen Geschwindigkeit im Fallstrang der Beharrungszustand bei einer Rücklauftemperatur von nur 62° erst nach 40 Minuten eintrat, während bei der großen

Wassergeschwindigkeit das Ansteigen der Rücklauftemperatur bis 78° rapid erfolgte und der Beharrungszustand schon nach 15 Minuten eingetreten war.

5. Weiter sei erwähnt, daß die erhöhte Geschwindigkeit im Fallstrang unmittelbar auch eine Erhöhung der Mischwassertemperatur mit sich bringt und sonach in diesem Falle die Beeinflussung unterer Heizkörper durch die Regelung über ihnen befindlicher nahezu verschwindet. Den Beweis hierfür bringen die Fig. 12 und 13. Während bei der niedrigen Geschwindigkeit im Fallstrang die Mischtemperatur um 7° tiefer liegt wie die Vorlauftemperatur, fällt diese Differenz bei sonst gleichen Umständen, jedoch bei Anwendung der höheren Geschwindigkeit im Fallstrang auf nur 1° C herab.

Heizkörper 2. Vorlauftemperatur rd. 80° C.
Heizkörperanschlüsse 0,025 m Durchm., Zwischenrohr 0,025 m Durchm.

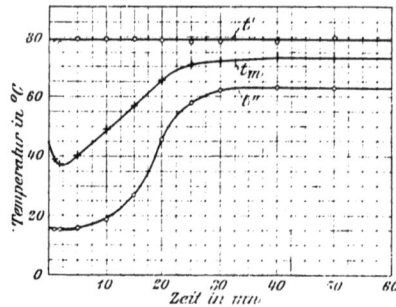

Fig. 12. Wassergeschwindigkeit im Fallstrang v_0 0,2 m/sk.

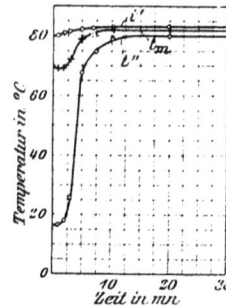

Fig. 13. Wassergeschwindigkeit
im Fallstrang v_0 2,6 m/sk.

Selbstverständlich ist es weiter, daß die Drosselung des Schiebers S_1 oder die Anordnung engerer Zwischenrohre die Zirkulation im Heizkörper wesentlich beschleunigt.

Die bisher besprochenen Versuche beweisen nicht nur die Richtigkeit der Gleichung 1 hinsichtlich des manchmal unterschätzten Einflusses der verschiedenen Größen, sondern sie geben gleichzeitig auch ein anschauliches Bild über die bei verschiedenen Anordnungen des Einrohrsystems auftretenden Vorgänge.

IV. Prüfung der Grundgleichung auf ihre zahlenmäßige Richtigkeit unter Annahme der bisher üblichen Widerstandswerte.

Nunmehr soll die Gleichung 1) unter Annahme der bisher bekannten einmaligen und Reibungswiderstände auch auf ihre zahlenmäßige Richtigkeit geprüft werden. Hierzu sind außer ihr noch folgende ohne weiteres abzuleitende Gleichungen zu benutzen:

$$F k \left[\frac{t' + t''}{2} - t z \right] = 3600 \, v_2 f_2 \, 1000 \, (t' - t'') \quad \ldots \ldots \quad 2)$$

$$v_1 f_1 = v_0 f_0 - v_2 f_2 \quad \ldots \ldots \ldots \ldots \quad 3)$$

in denen F die Heizfläche des Heizkörpers in qm und k den Transmissionskoeffizienten[1] bedeuten.

---

[1] Die Ermittlung desselben erfolgte nach der im Heft 1 der »Mitteilungen«, S. 25, beschriebenen Methode.

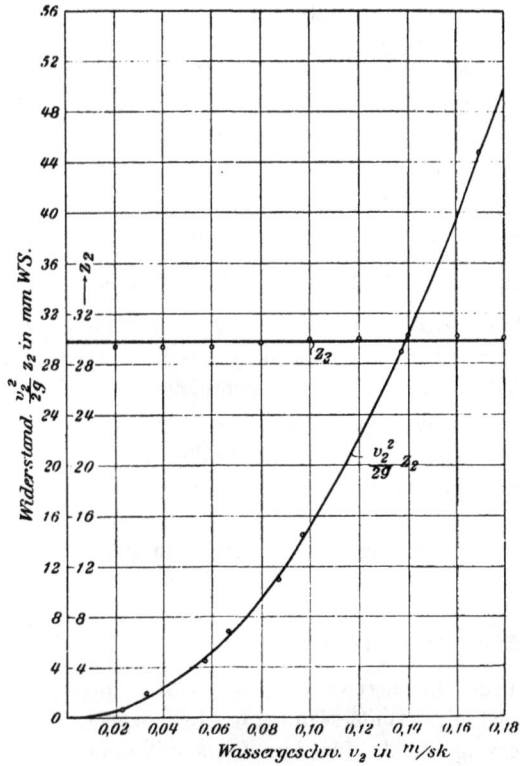

Fig. 14 a.

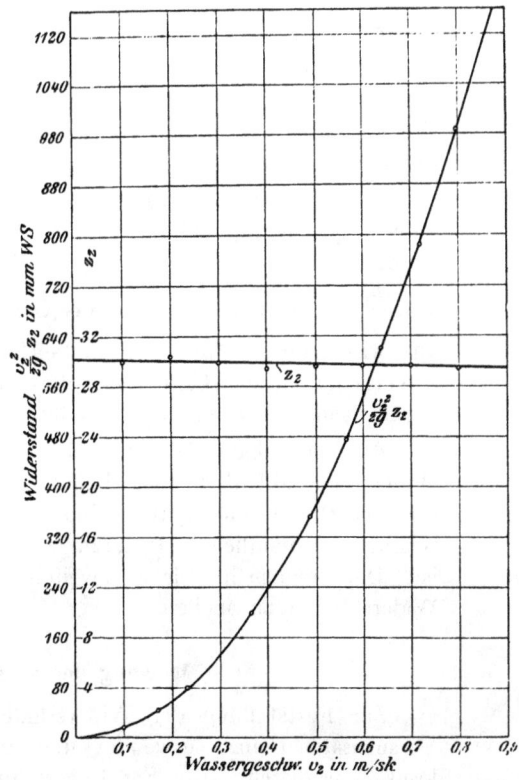

Fig. 14 b.

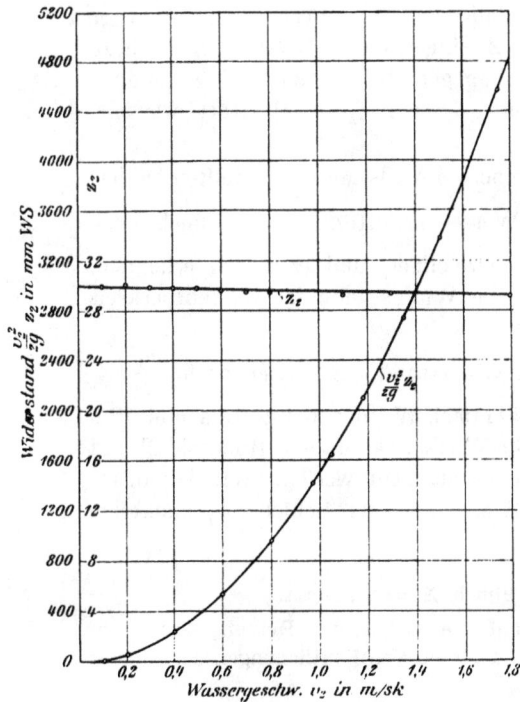

Fig. 14 c.

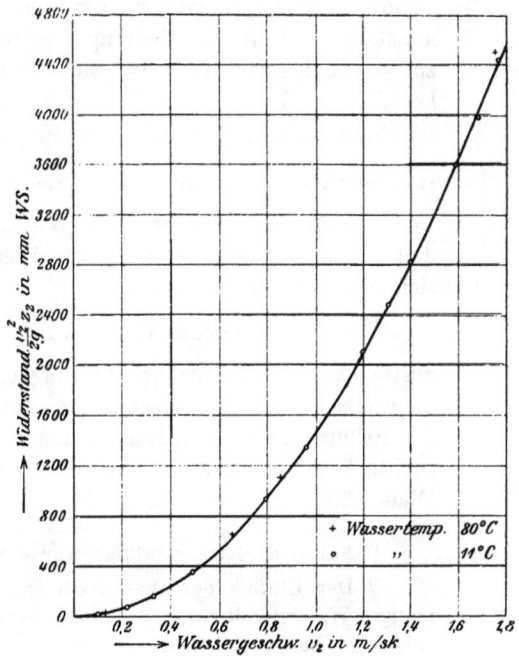

Fig. 15.

Gegeben sind für die Berechnung eines bestimmten Versuches bzw. durch Messung festzustellen: F, k, h, t', t'', a, t_z, f_0, Z_2, Z_1, ferner bei Annahme des Zwischenrohres mit d_1 auch f_1 und schließlich v_0 aus dem durch Wägung festzustellenden sekundlichen Wassergewicht. Zu berechnen ist der lichte Durchmesser der Heizkörperanschlüsse, also d_2 bzw. f_2.

Unter diesen Voraussetzungen läßt sich Gleichung 2) für jeden Versuch nach $v_2 f_2$ auflösen, wodurch aus Gleichung 3) die jeweiligen Werte von v_1 erhalten werden. Mit diesen ergibt die Tafel 17 des »Leitfadens« die betreffenden Werte von $\frac{v_1^2}{2g} Z_1$, so daß nunmehr aus Gleichung 1) $\ldots \frac{v_2^2}{2g} Z_2$ berechnet und hieraus, wieder unter Benutzung der Leitfadentafel 17, für jeden Versuch f_2, also auch d_2 gefunden werden kann. Auf diese Weise wurden zwölf charakteristische Versuche nachgeprüft und die Resultate in Zahlentafel 1 (S. 11) zusammengestellt.

Aus der Zahlentafel ergibt sich, daß unter Anwendung der heute bekannten Widerstandszahlen[1]) bei sämtlichen Versuchen die errechneten Anschlußleitungen um eine Dimension zu klein sind. Der Durchmesser des Anschlußrohres d_2 errechnet sich nämlich zu 0,020 m, während d_2 tatsächlich mit 0,025 m ausgeführt ist. Die Ursache hierfür ist zweifellos in den zu gering bemessenen einmaligen Widerständen zu suchen.

V. Messung der vorhandenen Widerstände.

Zur Feststellung der Widerstände wurde die bereits früher beschriebene Versuchsanordnung verwendet und zunächst der Widerstand im Heizkörperkreis Z_2 ermittelt. Die Fig. 14 a, b und c zeigen z. B. für den Kreis mit dem Heizkörper 1 die Widerstandswerte $\frac{v_2^2}{2g} Z_2$ in mm WS für drei Meßbereiche als Funktion der Wassergeschwindigkeit im Fallstrang v_0. Ferner sind in diese Figuren die auf v_2 umgerechneten Werte von Z_2 eingetragen. Letztere sind nahezu konstant, und da die Reibung nachweislich gegen die einmaligen Widerstände zu vernachlässigen ist, läßt sich schreiben: $Z_2 = \Sigma \zeta_2 = 30$, statt wie bisher $\Sigma \zeta_2 = 4$.

Weiter sind in Fig. 15 zu den im verkleinerten Maßstabe dargestellten Widerstandswerten $\frac{v_2^2}{2g} Z_2$, die bei 12 grädigem Wasser ermittelt wurden, auch noch Versuchspunkte für 80 grädiges Wasser eingezeichnet, und es ist zu erkennen, daß bei Verwendung von heißem Wasser die Widerstände im Heizkörperkreis sich nicht meßbar verändern[2]).

Genau auf dieselbe Weise wurde der Widerstand im Zwischenrohr $\frac{v_1^2}{2g} Z_1$ bestimmt und z. B. für eine Leitung von 20 mm l. W. in den Fig. 16 a und 16 b verzeichnet. Aus den dort aufgenommenen Werten kann ein Rückschluß auf die Reibung in glatten Rohrleitungen n i c h t gemacht werden, weil das untersuchte Stück zu kurz ist und durch die Knie und den Schieber S_1 einmalige Widerstände in sich enthält.

---

[1]) Für den Heizkörperkreis wurde wie üblich $\Sigma \zeta = 4$ gesetzt.

[2]) Der Einfluß der Wassertemperatur auf die Größe der Reibungs- und einmaligen Widerstände wird wie diese selbst in späteren Veröffentlichungen der Anstalt eingehend behandelt werden.

Zahlentafel 1.

Bezeichnung des Heizkörpers	Geschwindigkeit im Fallstrange direkt im Fallstrang v_0 in m/sk	Durchmesser des Fallstranges d_0 in m	Durchmesser des Zwischenrohres d_1 in m	Vorlauftemperatur des Heizkörpers i. °C t'	Rücklauftemperatur des Heizkörpers in °C t''	Raumtemperatur in °C t	$v_2 f_2$	Geschwindigkeit im Zwischenrohr v_1 in m/sk	$\frac{v_2^2}{2g} Z_2$	Geschwindigkeit im Heizkörperanschlußrohr v_2 in m/sk	Querschnitt des Anschlußrohres f_2 in qm	Durchmesser des Anschlußrohres berechnet d_2 in m	abgerundet auf Handelsmaß d_2 in m
Heizkörper 1	1,0	0,025	0,025	80	72	20	0,0000912	0,851	0,0239	0,301	0,000303	0,020	0,020
»	0,2	0,025	0,025	80	59	20	0,000031	0137	0,00827	0,165	0,000188	0,016	0,020
»	1,0	0,025	0,025	50	46	20	0,000081	0,815	0,0205	0,265	0,000306	0,020	0,020
»	0,2	0,025	0,025	50	39,5	20	0,0000252	0,149	0,00355	0,105	0,000240	0,018	0,020
»	1,0	0,020	0,020	80	75	20	0,000136	1,130	0,0458	0,406	0,000335	0,020	0,020
»	0,2	0,020	0,020	80	63	20	0,0000395	0,187	0,00771	0,160	0,000247	0,018	0,020
Heizkörper 2	1,0	0,025	0,025	80	72,3	20	0,0000948	0,807	0,0380	0,368	0,000258	0,018	0,020
»	0,2	0,025	0,025	80	64	20	0,0000415	0,1155	0,0107	0,185	0,000225	0,017	0,020
»	1,0	0,025	0,025	50	46,5	20	0,000092	0,813	0,0351	0,353	0,000260	0,018	0,020
»	0,2	0,025	0,025	50	39,5	20	0,0000271	0,145	0,00612	0,142	0,000191	0,016	0,020
»	1,0	0,020	0,020	80	75,5	22,5	0,00016	1,055	0,0698	0,495	0,000324	0,020	0,020
»	0,2	0,020	0,020	80	66,5	20	0,0000509	0,151	0,0104	0,187	0,000272	0,019	0,020

Zahlentafel 2.

Bezeichnung des Heizkörpers	Geschwindigkeit im Fallstrange direkt im Fallstrang v_0 in m/sk	Durchmesser des Fallstranges d_0 in m	Durchmesser des Zwischenrohres d_1 in m	Vorlauftemperatur des Heizkörpers i. °C t'	Rücklauftemperatur des Heizkörpers in °C t''	Raumtemperatur in °C t	$v_2 f_2$	Geschwindigkeit im Zwischenrohr v_1 in m/sk	$\frac{v_2^2}{2g} Z_2$	Geschwindigkeit im Heizkörperanschlußrohr v_2 in m/sk	Querschnitt des Anschlußrohres f_2 in qm	Durchmesser des Anschlußrohres berechnet d_2 in m	abgerundet auf Handelsmaß d_2 in m
Heizkörper 1	1,0	0,025	0,025	80	72	20	0,0000912	0,851	0,0579	0,19	0,00048	0,025	0,025
»	0,2	0,025	0,025	80	59	20	0,0000310	0,137	0,00816	0,073	0,000425	0,0235	0,025
»	1,0	0,025	0,025	50	46	20	0,000081	0,815	0,0510	0,183	0,000445	0,024	0,025
»	0,2	0,025	0,025	50	39,5	20	0,0000252	0,149	0,00413	0,053	0,000476	0,025	0,025
»	1,0	0,020	0,020	80	75	20	0,000136	1,13	0,137	0,300	0,000454	0,024	0,025
»	0,2	0,020	0,020	80	63	20	0,0000395	0,187	0,00936	0,079	0,0005	0,025	0,025
Heizkörper 2	1,0	0,025	0,025	80	72,3	20	0,0000948	0,807	0,0758	0,233	0,000407	0,023	0,025
»	0,2	0,025	0,025	80	64	20	0,0000415	0,1155	0,01165	0,086	0,000483	0,025	0,025
»	1,0	0,025	0,025	50	46,5	20	0,000092	0,813	0,0716	0,226	0,000407	0,023	0,025
»	0,2	0,025	0,025	50	39,5	20	0,0000271	0,145	0,00694	0,066	0,000411	0,023	0,025
»	1,0	0,020	0,020	80	75,5	22,5	0,00016	1,055	0,178	0,360	0,000445	0,024	0,025
»	0,2	0,020	0,020	80	66,5	20	0,0000509	0,151	0,0181	0,110	0,000463	0,0245	0,025

Durch Verwendung der Meßpunkte *II* und *III* konnten (eventuell durch Differenzversuche), bei denen die einzelnen Widerstände ausgebaut waren, auch die Widerstände des Ventiles, der Thermometer und des Heizkörpers erhalten werden. Die hier angeführten Versuche sollen keineswegs endgültige Versuche zur Feststellung der einmaligen und Reibungswiderstände sein, sondern nur einen beiläufigen Anhaltspunkt für die Größe derselben bieten.

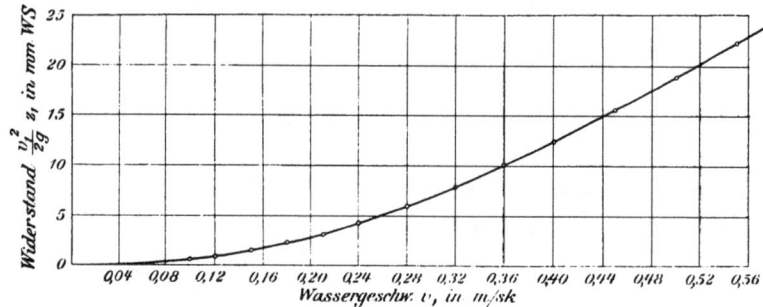

Fig. 16 a.

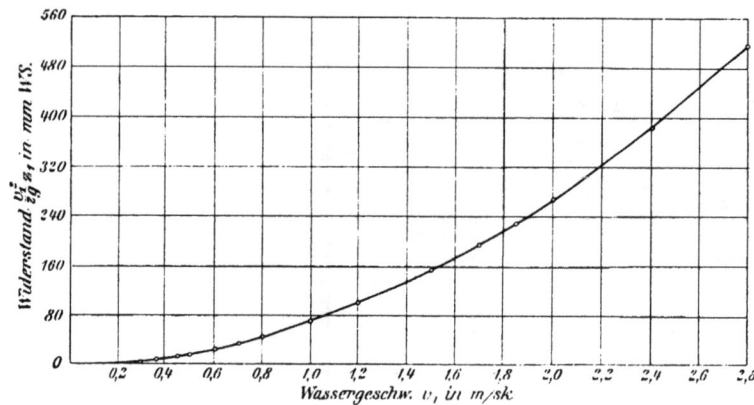

Fig. 16 b.

Es wurde gefunden

für das Exaktregulierventil . . . . $\zeta = 16$

für jedes Thermometer . . . . $\zeta = 1$

für den Heizkörper 1 (abhängig von der

Wassergeschwindigkeit) . . . . $\zeta = 2$ bis 3

für den Heizkörper 2 . . . . $\zeta = 1$.

Der Widerstand der T-Stücke konnte, wie bereits erwähnt, nicht einwandfrei festgestellt werden, da es nicht möglich war, bei gleichzeitigem Wasserlauf durch den Fallstrang und Heizkörper zu messen. Jedenfalls aber wurde erkannt, daß die Widerstände der T-Stücke außerordentlich hoch sind, ganz bedeutend die bisher angenommenen Werte übersteigen und einer eingehenden Untersuchung bedürfen. Aus den Vergleichsversuchen für die Widerstandswerte des langen und kurzen Zwischenrohres ergab sich ferner, daß die Reibungswerte der glatten Rohrleitung n i c h t h ö h e r liegen als die bisher verwendeten W e i ß b a c h - schen Widerstandszahlen.

VI. Ergebnisse der Grundgleichung unter Benutzung der neuen Widerstandswerte.

Nach Feststellung der Werte von Z_2 und Z_1 konnte die Zahlentafel 1 unter Ansetzung der richtigen, nunmehr gegebenen Widerstandswerte berechnet werden. Die bezüglichen Resultate sind in Zahlentafel 2 (S. 11) zusammengefaßt.

Aus Zahlentafel 2 ist ersichtlich, daß unter Einsetzen der richtigen Widerstandswerte die Gleichung 1) für die Berechnung des Einrohrsystemes auch hinsichtlich der zahlenmäßigen Übereinstimmung vollkommen befriedigt. Der Durchmesser des Anschlußrohres d_2 errechnet sich jetzt zu 0,025, genau so wie d_2 tatsächlich ausgeführt war.

VII. Schlußfolgerungen.

1. Gut entlüftete Heizkörper, die beim Einrohrsystem einseitigen Anschluß erhalten, werden in allen Elementen vollständig gleichmäßig erwärmt. Dies gilt auch für den niedrigen und langen Versuchsheizkörper 1 mit 21 Elementen.

2. Die Einlegung eines sog. »Verteilrohres« in eine Nippelreihe ist überflüssig und stört die Heizkörperzirkulation erheblich.

3. Bis zu einer gewissen niedrigen Geschwindigkeit im Fallstrang kann die Mischtemperatur gleich der Rücklauftemperatur des Heizkörpers werden (der Fallstrang wird abgeschnitten).

4. Ein Abschneiden des Heizkörpers findet auch bei den größten Geschwindigkeiten nicht statt, vielmehr fördern diese die Heizkörperzirkulation außerordentlich.

5. Hohe Wassergeschwindigkeiten im Fallstrang bedingen hohe Rücklauftemperaturen und hierdurch bei gegebener Wärmeleistung kleine Heizkörper.

6. Bei diesen hohen Geschwindigkeiten nähert sich die Mischtemperatur der Vorlauftemperatur, wodurch die gegenseitige Beeinflussung der im selben Strang angeordneten Heizkörper vermindert wird.

7. Die Höhe der Vorlauftemperatur hat bei der untersuchten Anordnung auf die Zirkulation im Heizkörper keinen besonderen Einfluß.

8. Hohe Heizkörper zirkulieren im Einrohrsystem besser wie niedrige.

9. Bei Verwendung der bis heute bekannten Widerstandszahlen werden bei angenommener Umgehungsleitung die berechneten Heizkörperanschlüsse in den untersuchten zwölf Fällen um eine Dimension zu klein.

10. Die einmaligen Widerstände sind bedeutend größer, als bisher angenommen wurde; besonders erheblich sind die Widerstände der Ventile und T-Stücke.

11. Bei Verwendung richtiger Widerstandszahlen gibt die Gleichung für die Heizkörperzirkulation

$$\frac{v_2^2}{2g} Z_2 = ah + \frac{v_1^2}{2g} Z_1$$

eine gute Übereinstimmung mit den Versuchswerten.

Wie auch durch diese Untersuchungen wieder deutlich bewiesen wird, ist es ein dringendes Bedürfnis, verläßliche Werte über die Reibungs- und einmaligen Widerstände in Warmwasserleitungen zu erhalten. Mehr als zwei Jahre arbeitet die Anstalt an der Ausarbeitung und Durchführung der bezüglichen Versuche, und aller Voraussicht nach dürfte eine der nächsten Mitteilungen der Anstalt die einschlägigen Fragen in einer für die Praxis ausreichenden Weise klären.

Eichung eines Dampfmessers der Farbenfabriken vorm. Friedr. Bayer & Co.[1]

Vor längerer Zeit wurde der Anstalt ein Dampfmesser der Farbenfabriken vorm. Friedr. Bayer & Co. zur Eichung übermittelt. Da Dampfmesser auch in der Heizungstechnik immer mehr Verwendung finden, dürfte die Untersuchung der genannten Konstruktion von allgemeinerem Interesse sein, weshalb sie veröffentlicht werden soll.

I. Versuchsanordnung (s. Fig. 1).

Von den im Maschinenraum der Anstalt liegenden Hochdruck-, Mitteldruck- und Niederdruckdampfleitungen A, B, C[2] zweigte eine dreifache Verbindung zur Dampfmesserzuleitung D derart ab, daß die Verwendung verschieden hoch gespannten Dampfes auf einfachste Weise möglich war. Die Leitung D mündete in einen Wasserabscheider und Dampftrockner E, aus dem die Rohrleitung F den Versuchsdampf dem Überhitzer G zuführte. Derselbe bestand aus einem mit reichlichen Zuluftöffnungen versehenen Schamottekanal, in dem 35 einzeln regulierbare Bunsenbrenner den Dampf nach Belieben um nur wenige Zehntel bis maximal 30° C überhitzen konnten.

Aus G strömte der Versuchsdampf durch die Leitung H unter Vermittlung der drei Ventile J, die die Einschaltung einer Kondenstopfprüfeinrichtung ermöglichten[3], nach dem Dampfmesser K, der nach Vorschrift der Firma mit 100 mm weiten Anschlüssen, den zugehörigen Entwässerungsstutzen und beiderseitigen Absperrventilen eingebaut war. Die innere Konstruktion des Dampfmessers ist aus der Einzelzeichnung in Fig. 1 näher ersichtlich. Aus K strömte der Dampf unter Benutzung der Leitung L bei richtiger Schaltung der drei Ventile J durch das Rohr M nach dem Kondensator, dessen Einrichtung im Heft 2 der »Mitteilungen«[4] eingehend beschrieben ist. Im Kondensator wurde der Dampf vollständig niedergeschlagen, abgekühlt und seine Menge mittels einer Wage genau bestimmt.

II. Theoretische Grundlage.

Strömt Dampf bei geringer Druckdifferenz durch eine Öffnung, so läßt sich unter Annahme adiabatischer Zustandsänderung die Ausflußgeschwindigkeit mit genügender Genauigkeit durch die Formel

$$u = q \sqrt{2 g v (p_1 - p_2)} \quad \ldots \ldots \ldots \text{I[5]}$$

ausdrücken.

---

[1] Über Dampfmesser s. a. Bendemann, »Forschungsarbeiten, herausgegeben vom Verein Deutscher Ingenieure, Heft 37«. Über das Arbeiten der Dampfmesser bei stoßweiser Dampfentnahme s. Rummel, »Versuche mit selbstaufzeichnenden Dampfmessern, Zeitschr. des Vereins Deutscher Ingenieure, Nr. 7 u. 8, Jahrg. 1910«.

[2] S. Heft 1 der »Mitteilungen«, S. 9 ff.

[3] S. Heft 2 der »Mitteilungen«, S. 1—12.

[4] S. S. 5.

[5] S. »Hütte«, 20. Auflage, Abteilung I, S. 360.

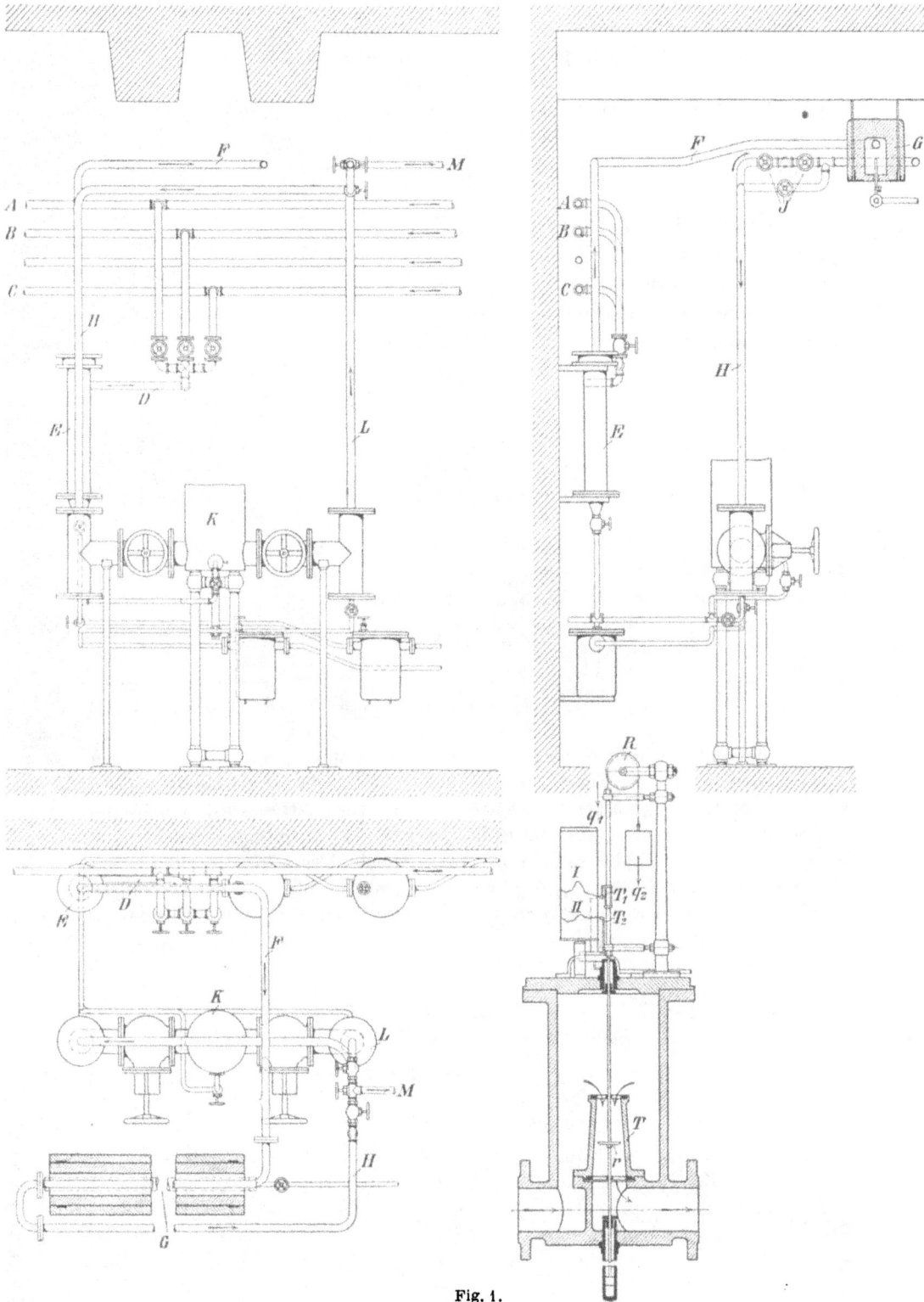

Fig. 1.

Es bedeuten:

u die tatsächliche Ausflußgeschwindigkeit in m/sk,

g die Beschleunigung der Schwere in m/sk²,

p_1 der spezifische Dampfdruck vor der Ausströmungsöffnung in kg/qm,

p_2 der spezifische Dampfdruck hinter der Ausströmungsöffnung in kg/qm,

v das dem mittleren Dampfdruck entsprechende spezifische Dampfvolumen in cbm/kg,

γ das spezifische Dampfgewicht in kg/cbm,

F den Ausflußquerschnitt in qm,

G die Ausflußmenge in kg/sk,

φ den konstanten Ausflußfaktor.

Setzt man

$$v = \frac{1}{\gamma},$$

so erhält man für die durch den Querschnitt F ausfließende Dampfmenge die Formel

$$G = F \cdot \gamma \cdot u = \varphi F \sqrt{2\,g\,\gamma\,(p_1 - p_2)} \quad . \quad . \quad . \quad . \quad . \quad . \quad \text{II)}$$

Bei dem B a y e r schen Dampfmesser ist nun $p_1 - p_2$ konstant und gleich der unveränderlichen Gewichtsdifferenz $q_2 - q_1$ zu beiden Seiten der Rolle R (s. Einzelzeichnung der Fig. 1). Setzt man somit

$$\sqrt{2\,g\,(p_1 - p_2)} = k',$$

so wird aus Gl. II

$$G = \varphi F k' \sqrt{\gamma} \quad . \quad . \quad . \quad . \quad . \quad . \quad . \quad . \quad . \quad \text{III)}$$

Bei der untersuchten Konstruktion wird der Dampf gezwungen, zwischen einer ebenen Platte r (s. Fig. 1 u. 2) und einem als Rotationsparaboloid ausgebildeten Umschließungskörper T durchzuströmen. Die Platte r wird vom Dampf naturgemäß so weit nach abwärts gedrückt, d. h. der Strömungsquerschnitt F derart eingestellt, daß die sich in ihm ausbildende Druckdifferenz gleich der konstanten Gewichtsdifferenz $q_2 - q_1$ ist. Der jeweilige Strömungsquerschnitt F kann, wie sich aus den geometrischen Eigenschaften eines Rotationsparaboloids ergibt, durch die Gleichung

$$F = c \cdot h \quad . \quad . \quad . \quad . \quad . \quad . \quad . \quad . \quad . \quad . \quad \text{IV)}$$

ausgedrückt werden, worin c eine Konstante, h den bezüglichen Hub des Tellers (s. Fig. 2) bedeuten. Somit ergibt sich aus der Gl. III die Schlußformel

$$G = \varphi\, c\, h\, k'\, \sqrt{\gamma} = K\, h\, \sqrt{\gamma} \quad . \quad . \quad . \quad . \quad . \quad . \quad . \quad \text{V)}$$

worin $K = \varphi\, c\, k'$ den Eichungsfaktor bedeutet.

Für die praktische Ausführung des Dampfmessers ist als Umschließungskörper jener Teil des Rotationsparaboloids gewählt, der sich mit genügender Genauigkeit durch einen einfachen Kegel ersetzen läßt (s. den Kegel T in der Einzelzeichnung der Fig. 1). Die Größe h zeichnet der Dampfmesser selbsttätig auf, da mit dem Teller r ein Schreibstift T_1 verbunden ist, der auf einer Uhrtrommel den Tellerhub als Kurve I aufzeichnet. Die jeweiligen Werte von γ

sind durch die bezüglichen Dampfdrücke gegeben, die von einem Federmanometer[1]) mittels des Schreibstiftes T_2 auf derselben Uhrtrommel als Kurve *II* angegeben werden.

Die Eichung des Dampfmessers bestand nunmehr darin, innerhalb der Versuchsgrenzen die Gl. V auf ihre Richtigkeit zu prüfen, d. h. die Unveränderlichkeit des Wertes K nachzuweisen und seine Größe zu bestimmen.

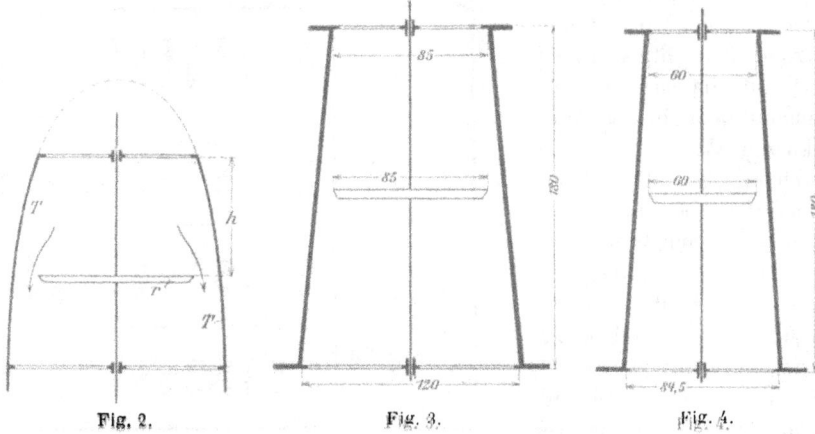

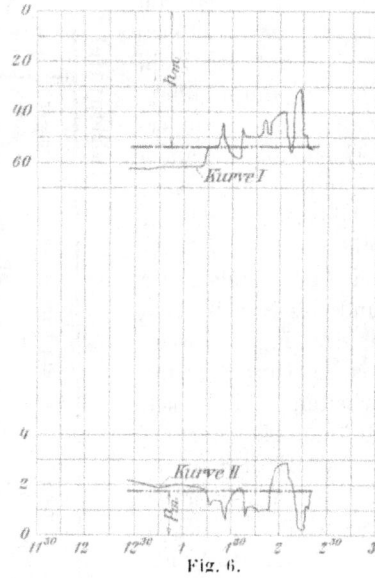

Fig. 2.   Fig. 3.   Fig. 4.

Fig. 5.   Fig. 6.

III. Durchführung und Auswertung der Versuche.

Bei den ersten Versuchen ergab sich zunächst, daß die von den Bunsenbrennern hervorgerufene Überhitzung (z. B. 30°) durch die von dem Überhitzer rd. 12 m entfernten Druck- bzw. Temperaturmeßgeräte am Kondensator nicht mehr angezeigt wurde. Somit war es unmöglich, die vom Apparat registrierte

---

[1]) Das Federmanometer war von der Prüfungsanstalt durch Vergleich mit einem Quecksilbermanometer geprüft worden.

Dampfmenge durch die aus dem Kondensator abfließende Wassermenge zu kontrollieren. da dieser Vergleich nur dann einwandfrei war, wenn durch den Dampfmesser nicht nasser Dampf strömte, also die Meßgeräte noch Überhitzung anzeigten. Es stellte sich bald heraus, daß die geringe Überhitzung auf dem oben erwähnten kurzen Wege von 12 m verloren ging, so daß ein Kontrollthermometer und ein Manometer unmittelbar in den oberen Flansch des Apparates eingebaut werden mußten. Weiter ergaben die Vorversuche, daß die Umlaufszeit der Trommel zu groß und die vom Kondensator zu bewältigende Dampfmenge von rd. 400 kg/st. für den vorhandenen Apparat zu klein waren. Um die Empfindlichkeit des Apparates zu erhöhen, erhielt die Trommel statt 24 stündiger nur 6 stündige Umlaufszeit, und es wurden die aus der Fig. 3 ersichtlichen Abmessungen des Tellers und des Kegels nach Maßgabe der Fig. 4 abgeändert. Nach Durchführung dieser Arbeiten stellte sich die Unzweckmäßigkeit der vorhandenen Silberstift-Schreibvorrichtung heraus, die unter gleichzeitigem Einbau einer »Geradführung für das Manometer« durch eine leicht bewegliche, schwingende Tintenschreibfeder ersetzt wurde.

Von den hierauf durchgeführten rd. 50 Versuchen sind zwei der auf der Trommel verzeichneten Diagramme in den Fig. 5 und 6 abgewickelt. Erstere Abbildung zeigt beim

Zahlentafel 1.

Nr. des Versuchs	Dauer des Versuchs von	Dauer des Versuchs bis	Korrigierter Barometerstand mm QS, b	Zustand des Dampfes im Dampfmesser Temperatur °C abgel.	Temperatur °C korr.	Druck kg/qm abgel.	Druck kg/qm absolut	Dampfgewicht G kg/st	Anzeige des Dampfmessers Druck kg/qm abgel.	Druck kg/qm absolut	Spez. Gew. γ_m kg/cbm	Hub h mm	$h\cdot\sqrt{\gamma}$	$K=\dfrac{G}{h\cdot\sqrt{\gamma}}$
28	10^{30}	12^{10}	762	139,5	140,1	2,5	3,56	277,0	2,74	3,77	2,015	47,30	67,20	4,13
29	12^{45}	2^{25}	762	139,5	140,1	2,5	3,56	220,0	2,51	3,54	1,900	38,60	53,20	4,14
30	9^{20}	11^{00}	757	139,5	140,1	2,5	3,56	200,6	2,55	3,58	1,920	35,20	48,80	4,12
31	11^{25}	1^{05}	757	139,5	140,1	2,5	3,56	178,8	2,38	3,41	1,840	33,50	45,40	3,94
32	1^{40}	2^{30}	757	140,0	140,6	2,5	3,56	293,0	2,53	3,56	1,910	52,90	73,10	4,01
33	10^{00}	11^{30}	757	139,0	139,6	2,5	3,56	298,0	2,49	3,52	1,890	55,20	75,90	3,93
34	12^{40}	2^{40}	757	139,0	139,6	2,5	3,56	272,2	2,46	3,49	1,875	49,70	68,00	3,91
35	10^{15}	11^{55}	750	139,5	140,1	2,5	3,56	321,0	2,57	3,59	1,930	57,80	80,30	4,00
36	1^{05}	2^{25}	750	139,5	140,1	2,5	3,56	196,0	2,68	3,70	1,980	34,50	48,50	4,04
37	10^{00}	11^{50}	753	139,5	140,1	2,5	3,56	140,7	2,53	3,55	1,900	23,95	33,00	4,26[1]
38	1^{00}	2^{20}	753	139,5	140,1	2,5	3,56	237,0	2,56	3,58	1,920	42,40	58,70	4,04
39	9^{30}	11^{10}	755	129,5	130,1	1,5	2,56	227,0	1,57	2,60	1,420	46,70	55,50	4,09
40	12^{25}	2^{35}	755	140,0	140,6	2,5	3,56	161,0	2,57	3,60	1,930	28,40	39,40	4,09

[1]) Fehlerwert.

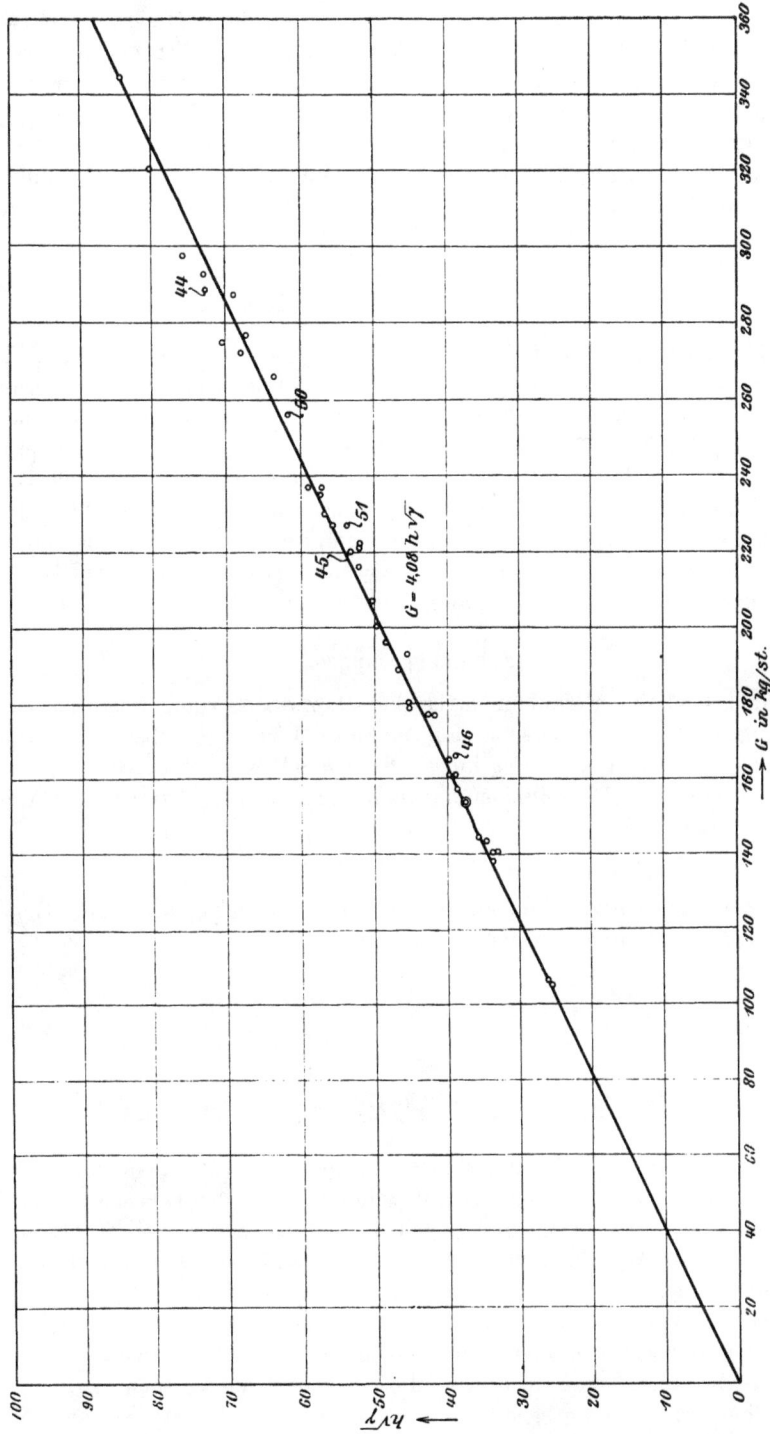

Fig. 7.

Versuch Nr. 48 konstante Dampfmengen, letztere beim Versuch Nr. 44 außerordentlich schwankende Dampfentnahmen. Aus allen Diagrammen wurde, wie dies auch in den eben erwähnten Figuren angedeutet ist, der mittlere Wert des Tellerhubes sowie der mittlere Wert der Dampfspannung p_m durch Planimetrieren gefunden und das zu p_m gehörige spezifische Dampfgewicht γ_m aus den Mollierschen Dampftabellen ermittelt. Da gleichzeitig die aus dem Kondensator abfließende Wassermenge gewogen und hieraus die sekundliche Dampfmenge errechnet werden konnte, ergab Gl. V für jeden Versuch die Konstante K aus der Formel

$$K = \frac{G}{h\sqrt{\gamma}} \qquad \ldots \ldots \ldots \ldots \text{VI)}$$

Zahlentafel 1 (S. 19) zeigt die Durchrechnung einer beliebig herausgegriffenen Versuchsreihe, und Fig. 7 gibt ein anschauliches Bild des auf diese Weise ermittelten Wertes von K, der zu 4,08 bestimmt wurde. Zu bemerken wäre, daß die Versuche 45, 46, 50 und 51 einer Dampfüberhitzung von rd. 30° entsprachen und der Punkt 44 dem in Fig. 6 dargestellten Versuche schwankender Dampfentnahme angehörte. Aus Fig. 7 ist ersichtlich, daß der untersuchte Apparat innerhalb der Versuchsgrenzen — also für Dampfmengen von 100 bis 400 kg/st., Spannungen von 1 bis 4 Atm. abs., trockenem und gering überhitztem Dampf — Fehlergrenzen von rd. $\pm 2\%$ aufwies.

Schlußfolgerungen.

1. Nach Umbau der bei dem Bayerschen Dampfmesser angebrachten Schreibvorrichtungen gestattete derselbe auf einfache Weise die Messung trockenen und gering überhitzten Dampfes innerhalb ziemlich weiter Grenzen.

2. Die stündliche Dampfmenge bestimmte sich für den untersuchten Apparat nach der Formel

$$G = 4,08\, h\, \sqrt{\gamma},$$

wobei den bezüglichen Ergebnissen innerhalb der Versuchsgrenzen eine Genauigkeit von rd. $\pm 2\%$ zugesprochen werden konnte.

Prüfstände und Prüfungsgebühren.

Bereits im ersten Heft der »Mitteilungen« der Prüfungsanstalt war veröffentlicht worden, daß sich das Institut unmittelbar in den Dienst der Industrie stellt, indem es auf Antrag und gegen Bezahlung der der Kgl. Staatskasse erwachsenen Unkosten Untersuchungen von Konstruktionen, sowohl im Zustand ihrer Entwicklung als auch nach Fertigstellung derselben durchführt. Die gewonnenen Ergebnisse werden so lange als Amtsgeheimnis betrachtet, als die untersuchten Gegenstände nicht auf den Markt gebracht werden; andernfalls behält sich die Anstalt das Recht vor, die Ergebnisse der Versuche zu veröffentlichen. Über jede Prüfung erhält der Antragsteller ein Attest, das die nötigen, rein sachlich gehaltenen Mitteilungen über die Art und Weise der angestellten Untersuchungen und der hierbei gewonnenen Ergebnisse enthält.

In Befolgung dieser Grundsätze hat die Anstalt seit ihrem Bestehen 62 Prüfungsanträge zur Erledigung gebracht, die sich im allgemeinen auf folgende Untersuchungen erstreckten.

Leistungsfähigkeit und Regendichtigkeit von Preß- und Saugköpfen, Wärmeabgabe und Oberflächentemperatur von Dampf- und Warmwasserheizkörpern, Wirkung automatischer Wärmeregler, Prüfung von Wasser- und Dampfmessern sowie Bestimmung der Leistungsfähigkeit und des Dampfverlustes von Kondenstöpfen. Gelegentlich dieser und anderweitiger Verhandlungen der Anstalt wurden hinsichtlich der Art der Untersuchungen und der hierfür fälligen Gebühren eine Reihe von Fragen laut, die immer wieder auftauchen und im nachstehenden in einer der Öffentlichkeit zugängigen Form beantwortet werden sollen.

An den bisher in der Anstalt eingerichteten Prüfständen können folgende Arbeiten ausgeführt werden.

1. Eichung von Anemometern mit zwangsläufiger Führung der Luft.

Der durch einen Kubizierapparat angesaugte bzw. fortgedrückte Luftstrom weist nur den Querschnitt des Anemometer-Flügelrades auf, so daß alle Luft gezwungen wird, durch das Anemometer zu streichen. Beschreibung der Versuchsdurchführungen: Heft 1 der »Mitteilungen« der Prüfungsanstalt. Prüfungsgebühren: ℳ 100 für jedes zu eichende Instrument.

2. Eichung von Anemometern im freibewegten Luftstrom.

Die durch einen Ventilator bewegte Luft strömt mit über den Querschnitt gleichmäßiger Geschwindigkeit aus einem 800 mm weiten Rohr gegen das in der Rohrachse befindliche Anemometer. Zur Messung der Luftgeschwindigkeit werden Staurohr und Differenzialmanometer verwandt, die Ein- und Ausschaltung des Anemometers erfolgt elektrisch. Prüfungsgebühren: ℳ 150 für jedes Instrument.

3. Eichung von Luftmengen-Meßapparaten.

Die von einem Ventilator geförderte Luftmenge wird durch entsprechende Rohrleitungen dem zu untersuchenden Apparat nach Vorschrift des Auftraggebers zugeführt. Die Kontrollmessung der Luftmenge erfolgt mittels Staurohr und Differenzialmanometer. Prüfungsgebühren: ℳ 300 für jeden Apparat.

4. Eichung von Luftmengen-Meßapparaten mit Registriervorrichtung.

Die Luftzuführung erfolgt wie unter 3. Zur Kontrollmessung wird ein empirisch geeichtes Normalinstrument verwandt. Prüfungsgebühren je nach der Dauer der Untersuchung: ℳ 300 bis ℳ 500 für jeden Apparat.

5. Eichung von Wassermessern.

Aus zwei großen Ausgleichsgefäßen fließt das Wasser dem zu untersuchenden Messer unter Einschaltung der vom Auftraggeber als notwendig erachteten Rohrleitungen zu. Die Kontrollmessung erfolgt mittels empfindlicher Wagen. Prüfungsgebühren: ℳ 500.

6. Eichung von Dampfmessern.

Eine Beschreibung der Versuchsdurchführung enthält die 10. »Mitteilung« der Prüfungsanstalt, »Gesundheits-Ingenieur« Jahrgang 1911. Prüfungsgebühren je nach der Schwierigkeit der Untersuchung: ℳ 500 bis ℳ 800 für jedes Meßgerät.

7. Eichung von Luftdruckmessern.

Der erforderliche Luftdruck wird entweder mit Hilfe eines Kubizierapparates, eines Ventilators oder eines Kompressors erzielt. Die Kontrollmessung erfolgt durch Mikromanometer, die mit Alkohol, Wasser oder Quecksilber gefüllt werden. Prüfungsgebühren: ℳ 100 für jeden Meßapparat.

8. Eichung von Luftdruckmessern mit Registriervorrichtung.

Die Erzeugung des notwendigen Druckes erfolgt wie unter 7. Zur Kontrollmessung wird ein empirisch geeichter registrierender Druckschreiber verwandt. Prüfungsgebühren je nach der Schwierigkeit der Untersuchung: ℳ 150 bis ℳ 300 für jeden Apparat.

9. Eichung von Wasserdruckmessern (Wassermanometer).

Der erforderliche Wasserdruck wird durch verschieden hochgestellte Gefäße bzw. durch Preßpumpen erzielt. Die Kontrollmessung erfolgt mittels geeichter Normalinstrumente. Prüfungsgebühren ℳ 100.

10. Eichung von Dampfdruckmessern (Dampfmanometer).

Der Dampf der vorgeschriebenen Spannung wird durch Reduktion des Hochdruckdampfes erzielt. Die Kontrollmessung erfolgt mittels geeichter Normalinstrumente. Prüfungsgebühren ℳ 100 für jedes Manometer.

11. Untersuchung von Preß- oder Saugköpfen.

Eine Beschreibung der Versuchsdurchführung enthält das Heft 2 der »Mitteilungen« der Prüfungsanstalt. Das Attest weist zwei Kurvenscharen auf, die die bei 12 m/sk geförderte Luftmenge bzw. den erzeugten Druckunterschied angeben und einen Vergleich der Konstruktion mit den bisher in der Anstalt untersuchten Apparaten ermöglichen. Prüfungsgebühren: ℳ 250 für jedes Modell.

12. Bestimmung der Wärmeabgabe von Dampfheizkörpern.

Eine Beschreibung der Versuchsdurchführung enthält das Heft 1 der »Mitteilungen« der Prüfungsanstalt. Das Attest gibt die ermittelte Wärmedurchgangszahl (Transmissionskoeffizient) an, d. i. die pro 1⁰ C Temperaturdifferenz (zwischen der mittleren Dampf- und Raumtemperatur) und 1 qm Heizfläche stündlich erzielte Wärmeabgabe. Bei der Anmeldung der Untersuchung ist die Angabe der zu benutzenden Dampfspannung erforderlich. Prüfungsgebühren: ℳ 150 für jedes Modell.

13. Bestimmung der Wärmeabgabe von Warmwasserheizkörpern.

Eine Beschreibung der Versuchsdurchführung enthält das Heft 1 der »Mitteilungen« der Prüfungsanstalt. Das Attest gibt die Wärmedurchgangszahl
(Transmissionskoeffizient) an, d. i. die pro 1° C Temperaturdifferenz (zwischen
der mittleren Wasser- und Raumtemperatur) und 1 qm Heizfläche stündlich
erzielte Wärmeabgabe. Bei der Anmeldung der Untersuchung ist die Angabe
der zu benutzenden Temperaturdifferenz erforderlich. Prüfungsgebühren: $\mathcal{M}$ 150
für jedes Modell.

14. Bestimmung der Wärmeabgabe von Dampf- oder Warmwasserheizkörpern unter Anwendung größerer Luftgeschwindigkeiten.

Eine Beschreibung der Versuchsdurchführung enthält das Heft 3 der »Mitteilungen« der Prüfungsanstalt. Bei der Anmeldung ist die Angabe der zu benutzenden Dampfspannung bzw. der zu wählenden Wassertemperatur erforderlich.
Prüfungsgebühren je nach der Schwierigkeit der Untersuchung: $\mathcal{M}$ 800 bis $\mathcal{M}$ 1500
für jeden Heizkörper.

15. Feststellung der Oberflächentemperatur von Dampf-
und Warmwasserheizkörpern.

Eine Beschreibung der Versuchsdurchführung enthält das Heft 3 der »Mitteilungen« der Prüfungsanstalt. Die Messung der Oberflächentemperatur erfolgt
mit Hilfe der Lindeck-Apparatur. Prüfungsgebühren für jeden zu untersuchenden Heizkörper mit nicht mehr als drei Meßstellen $\mathcal{M}$ 150, mit drei bis sechs Meßstellen $\mathcal{M}$ 200. Darüber hinaus ist eine besondere Vereinbarung erforderlich.

16. Untersuchung des Widerstandes von Reguliervor-
richtungen für Warmwasserheizungen.

Das Wasser fließt dem Regelorgan aus entsprechend hochgestellten Gefäßen
mit gleichmäßiger Geschwindigkeit zu. Die Bestimmung des Druckverlustes
erfolgt je nach seiner Größe mit Hilfe von drei Differentialmanometern, die Wasser
und Petroleum, bzw. Wasser und Luft, bzw. Wasser und Quecksilber enthalten.
Das Attest gibt die Größe des Widerstandes für verschiedene Wassergeschwindigkeiten an. Prüfungsgebühren $\mathcal{M}$ 150 für jede Regulierungsvorrichtung, die mit
zwei Anschlüssen versehen ist. Bei mehr als zwei Anschlüssen (z. B. Dreiweg-
hähnen) sind besondere Vereinbarungen erforderlich.

17. Untersuchungen über den Einfluß bestimmter Heizkörperverkleidungen.

Die Durchführung des Versuchs erfolgt sinngemäß nach Punkt 12 bzw. 13.
Prüfungsgebühren: $\mathcal{M}$ 150 für jede Verkleidung.

18. Prüfung von Kondenstöpfen.

Eine Beschreibung der Versuchsdurchführung enthält das Heft 2 der »Mitteilungen« der Prüfungsanstalt. Das Attest weist Angaben über die Dampfver-
luste, die Leistungsfähigkeit des Topfes und den in freier Kondensleitung auftretenden Gegendruck auf. Prüfungsgebühren: $\mathcal{M}$ 500 für jeden Apparat.

19. Prüfung automatischer Wärmeregler.

Eine Beschreibung der Versuchsdurchführung enthält das Heft 2 der »Mitteilungen« der Prüfungsanstalt. Die Untersuchung erstreckt sich über zwei aufeinander folgende Heizperioden. Prüfungsgebühren: .ℳ 300 für jeden Apparat.

20. Untersuchung von Zentralheizkesseln.

Hierüber sind besondere Vereinbarungen erforderlich.

21. Prüfung von Reduzierventilen, Abdampfreglern, Abdampfmeßapparaten usw.

Hierüber sind besondere Vereinbarungen erforderlich.

In Aussicht genommen sind:

22. Abnahmeversuche an Ventilatoren.

23. Prüfung von Isoliermaterialien.

Auf Anordnung des vorgesetzten Ministeriums sind den genannten Prüfungsgebühren jene der Anstalt erwachsenden Selbstkosten zuzurechnen, die eventuell bei der Montage der bezüglichen Anordnungen erwachsen. Hieraus ergibt sich, daß bei Anmeldung mehrerer gleichartiger Versuche eventuell Verminderungen der Gebühren eintreten können. Prüfungsgegenstände, die drei Monate nach Zustellung des bezüglichen Attestes nicht abgeholt werden, gehen in den Besitz der Anstalt bzw. der Lehrmittelsammlung über.

Einfluß von Heizkörperverkleidungen auf die Wärmeabgabe von Radiatoren.

I. Einleitung.

Es ist eine bekannte Tatsache, daß durch Verkleidung die Wärmeabgabe von Heizkörpern wesentlich beeinflußt wird. Bis heute kennen wir jedoch keine Methode, die die Größe dieses Einflusses rechnerisch bestimmen ließe, und auch praktische Versuche über die durch Verkleidungen verursachte Verminderung der Heizkörperleistung fehlen. Die hierdurch bedingten Schwierigkeiten werden durch den Umstand verschärft, daß öfters bei Bestellung von Anlagen freistehende Heizkörper angenommen, diese bei Fertigstellung der Inneneinrichtung der Räume willkürlich verkleidet und hinsichtlich der Wirkung der Anlage, die ursprünglich garantierten Leistungen gefordert werden.

Zur Klärung der einschlägigen Fragen entschloß sich die Prüfungsanstalt zu umfangreichen Versuchen, die zunächst den Einfluß von Verkleidung bei Anwendung von Radiatoren feststellen sollten. In erster Linie wurde versucht, eine allgemein theoretische Lösung der Aufgabe herbeizuführen und zu diesem Zwecke die in Fig. 1 dargestellte Heizkörperverkleidung eingehend untersucht. Fig. 2 läßt das obere in 24 Felder geteilte Ausströmgitter erkennen und gibt zahlenmäßig die in jedem Feld gemessene Lufttemperatur und Geschwindigkeit an. Erstere wurde mit vor Strahlung sorgfältig geschützten Thermoelementen (s. Fig. 3), letztere mit Hilfe eines elektrisch einrückbaren, im Luftstrom von 800 mm Durchmesser geeichten Anemometers bestimmt.

Fig. 4 zeigt für die in Fig. 2 ersichtlichen drei Parallelschnitte I, II, III, die jeweilig nach der Gleichung

$$W = \frac{q\,v\,(t_a - t_e)\,3600 \cdot 0,306}{(1 + a\,t_a)}$$

ermittelten Wärmeleistungen pro Feld.

Hierin bedeuten:

W die Wärmemenge pro Feld in WE/std.,
q den Querschnitt eines Feldes in qm,
v Luftaustrittsgeschwindigkeit im Feld in m/sk,
t_e die Eintrittstemperatur der Luft in °C pro Feld,
t_a die Austrittstemperatur der Luft in °C pro Feld.

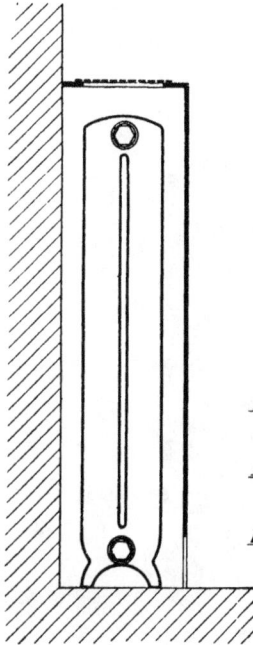

Fig. 1.

t_a=31,2°	36,3°	36,6°	35,5°	42,7°	34,0°	43,5°	33,2°
V=0,610	0,696	0,688	0,678	0,670	0,680	0,670	0,613
WE=59,1	93,7	96,0	88,6	125,4	80,7	129,3	68,8
44,0°	55,0°	58,5°	52,3°	53,1°	53,5°	51,6°	32,2°
0,508	0,542	0,550	0,536	0,538	0,570	0,558	0,538
100,2	130,6	165,6	138,7	142,2	152,1	141,3	56,0
39,2°	50,0°	44,6°	43,3°	40,3°	45,3°	41,0°	36,3°
0,448	0,468	0,480	0,523	0,477	0,483	0,549	0,507
71,5	113,2	96,7	100,4	80,5	99,9	93,6	68,3

Fig. 2. Oberes Ausströmgitter.

Aus den Fig. 2 und 4 und den für die Wärmeabgabe von Heizflächen allgemein gültigen Gesetzen ergeben sich nachstehende Folgerungen:

1. Die den einzelnen Feldern zugehörigen Wärmeleistungen weisen derartige Verschiedenheiten auf, daß die Annahme der zu einer einfachen Berechnung erforderlichen gleichmäßigen Luftförderung und -Erwärmung als willkürlich bezeichnet werden müßte.

2. Die einzelnen Endtemperaturen t_a bedingen so sehr verschiedene Auftriebe, daß die tatsächlich wirksame Druckhöhe auch nicht annähernd bestimmt werden kann.

3. Der Widerstand der Luftbewegung ist je nach der Art der Verkleidung außerordentlich verschieden, so daß die Berücksichtigung desselben in Form eines allgemein gültigen Widerstandskoeffizienten ebenfalls eine willkürliche Annahme darstellen würde.

4. Die bei den verschiedenen Verkleidungen sich ändernden Luftgeschwindigkeiten verhindern die Annahme eines für alle Fälle anwendbaren konstanten Transmissionskoeffizienten.

5. Der für die Gesamtwärmeabgabe wesentliche Anteil der Strahlung[1]) ist bei den einzelnen Verkleidungen derart verschieden, daß er für jede besonders berücksichtigt werden müßte.

---

[1]) Dr. Ing. W a m s l e r , Zeitschrift des Vereins Deutscher Ingenieure 1911.

Aus diesen Gründen sah sich die Anstalt gezwungen, die theoretische Behandlung des Stoffes aufzugeben und ihre Arbeit auf die praktische Untersuchung der gebräuchlichen Heizkörperverkleidungen zu beschränken.

Fig. 3. Temperaturmessung mit Thermoelementen.

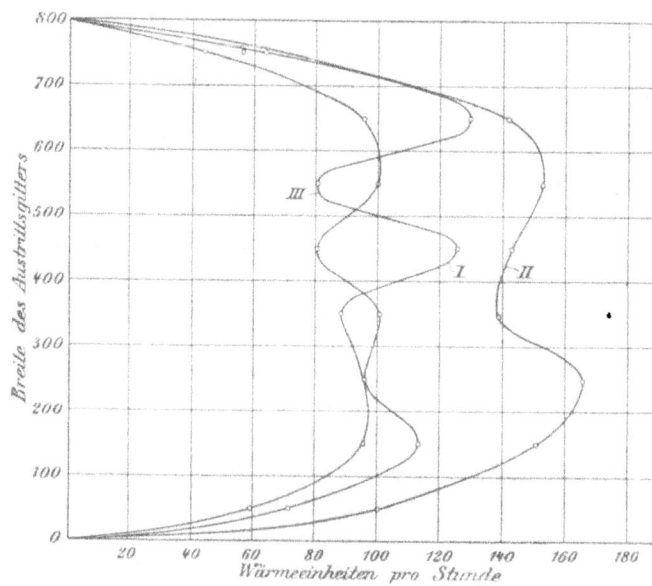

Fig. 4. Wärmeleistungen pro Feld.

II. Versuchsanordnung.

Die Versuchsanordnung (s. auch Fig. 5) ist sowohl für die Untersuchung von Niederdruckdampf- wie von Warmwasserheizkörpern ausführlich im Heft 1 der »Mitteilungen« der Prüfungsanstalt beschrieben. Der einzige Unterschied

bestand darin, daß die Heizkörper mit den später genau beschriebenen Verkleidungen versehen wurden, wobei von vornherein darauf Rücksicht genommen
war, diese ohne viel Zeit- und Geldaufwand in möglichst einfacher Weise aus-

Fig. 5. Versuchsanordnung.

wechseln zu können. Zu dem Behufe waren in die Wand des Versuchsraumes
Dübbel eingelassen, und auf ihnen zwei Vertikalbohlen von 100×100 mm Querschnitt befestigt worden; an letztere wurden die Verkleidungen angeschraubt
und in sich durch kleine Winkeleisen und Laschen versteift.

III. Versuche an Niederdruckdampfheizkörpern.

Als Versuchsheizkörper wurden durchwegs glatte, normale Lollar-Radiatoren von 10 Elementen und somit von 800 mm Baubreite verwandt.

Bezeichnungen: Radiator 1250^{II} . . . zweisäuliger Radiator von
1250 mm ganzer Höhe mit Fuß, Radiator 650^{III} . . . dreisäuliger Radiator von
650 mm ganzer Höhe mit Fuß, usw.

k Wärmedurchgangszahl (Transmissionskoeffizient), bestimmt für die unverkleidet, in 60 mm Entfernung von der Wand aufgestellten Heizkörper,

p Veränderung der Wärmeabgabe, bei Anwendung der Verkleidungen, ausgedrückt in Prozenten, bezogen auf k,

q freier Zirkulationsquerschnitt der zu den Verkleidungen benutzten Bleche,
ausgedrückt in Prozenten der Gesamtfläche.

Zahlentafel 1.

Versuchs-Nr. .	1	2	3	4
Radiator	1250^{II}	730^{II}	1270^{III}	650^{III}
k in WE/qm, 1^0, 1 st. .	7,9	8,5	6,7	7,3

Unter Verwendung von Niederdruckdampf von 1,05 Atm. abs. ergaben sich
bei 20^0 Raumtemperatur die in Zahlentafel 1 zusammengestellten Werte von k.

Die Wärmedurchgangszahl der dreisäuligen Radiatoren ist um rd. 15%
geringer als die der entsprechenden zweisäuligen Heizkörper. Der Einfluß der
Heizkörperhöhe beträgt für zwei und dreisäulige Radiatoren rd. 8%.

Da ein Ausgleich der gefundenen Werte auf einen gemeinschaftlichen Koeffi-
zienten die späteren Versuchsergebnisse verwischt hätte und wegen der großen
Unterschiede auch sonst nicht rätlich schien, wurde davon abgesehen.

I. Vorversuche.

1. Einfluß des Abstandes der Radiatoren von Vor- und Rückwand der Ver-
kleidung.

a) Radiator 1250^{II}; Verkleidung nach Fig. 6.

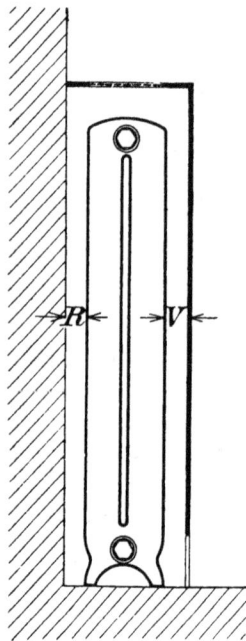

Fig. 6.

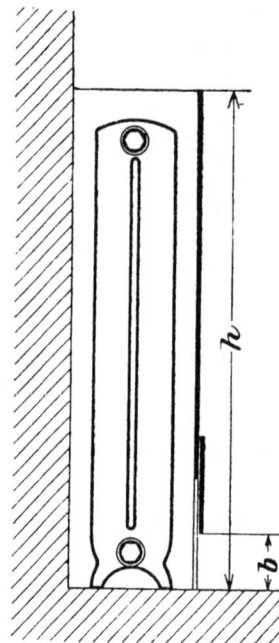

Fig. 7.

Lufteintritt $a = 800 \times 130$ mm/mm frei.

Luftaustritt $b = 800 \times 260$ mm/mm vergittert; das Blech wies einen Wert
$q = 64\%$ auf.

Die Breite beider Ausschnitte entsprach sonach genau der Heizkörperbreite.

Zahlentafel 2.

Versuchs-Nr. .	5	6	7
Abstand von der Vorderwand v in mm .	30	60	100
Abstand von der Rückwand r in mm .	30	60	60
p in %	— 8,7	— 8,0	— 9,2

Zahlentafel 2 zeigt als günstigsten Heizkörperabstand 60 mm von Vor- und
Rückwand. Geringere und größere Abstände führen eine Verminderung der

Wärmeabgabe herbei. Versuch 5 zeigt den Einfluß der infolge des verringerten Querschnittes zunehmenden Lufttreibung, Versuch 7 die Verschlechterung der Wärmeabgabe durch die infolge des vergrößerten Querschnittes auftretende geringere Luftgeschwindigkeit[1]).

b) Radiator 630[II]; freie Aufstellung an einer Außenwand.

Zahlentafel 3.

Versuchs-Nr. .	8	9
Abstand von der Wand in mm .	60	150
p in %	0	— 3,5

Versuch 9 zeigt in gleicher Weise den schädlichen Einfluß zu großen Wandabstandes.

2. Einfluß der Fußhöhe der Radiatoren.

Zahlentafel 4.

Radiator 1250[II]; Verkleidung nach Fig. 6, jedoch mit entsprechender Erhöhung der Deckplatte.

Versuchs-Nr. .	10	11	12
Lufteintritt i. d. Vorderwand mm/mm	800 × 50 frei	800 × 300 vergittert $q = 44$%	800 × 300 frei
Luftaustritt i. d. Abdeckung mm/mm	800 × 260 vergittert $q = 44$%	800 × 300 vergittert $q = 44$%	800 × 260 vergittert $q = 64$%
Fußhöhe 60 mm, p in %	— 11,0	— 9,0	— 9,0
Fußhöhe 120 mm, p in %	— 15,2	— 11,7	— 9,8

Aus Zahlentafel 4 ergibt sich ein schädlicher Einfluß vergrößerter Fußhöhe. Unter Berücksichtigung obiger Ergebnisse wurden alle weiteren Untersuchungen an Radiatoren normaler Fußhöhe durchgeführt.

3. Wirkung von Verkleidungen verschiedener Höhe ohne Abdeckung.

Zahlentafel 5.

Radiator 1250[II]; Verkleidung nach Fig. 7.

Versuchs-Nr. .	13	14	15	16
Höhe der Verkleidung		1330 mm		1800 mm
Lufteintritt frei, Schlitzhöhe b in mm	170	230	300	300
p in %	+ 2,2	+ 6,3	+ 12,5	+ 13,0

Aus Zahlentafel 5 folgt: Verkleidungen ohne Behinderung der Luftabströmung, also ohne Abdeckplatten, erhöhen bei entsprechendem Querschnitt für den Lufteintritt die Wärmeabgabe bedeutend. Alle Versuche zeigen die günstige

---

[1]) Wie in Heft 3 der »Mitteilungen« nachgewiesen ist, fällt die Wärmeabgabe der Radiatoren außerordentlich mit abnehmender Luftgeschwindigkeit.

Wirkung der zwangläufigen Führung der Luft und die durch die vergrößerte Luftgeschwindigkeit gesteigerte Wärmedurchgangszahl. Die Versuche 13 und 14 lassen den wesentlichen Einfluß der Größe der Eintrittsquerschnitte, die Versuche 15 und 16 die unwesentliche Wirkung der auf 1800 mm vergrößerten Verkleidungshöhe erkennen.

4. Einfluß verschiedener Gitterformen.

Es wurden die in den Fig. 8, 9 und 10 dargestellten Gitterformen untersucht.

a) Verschiedene Gitterformen in der Luftaustritts öffnung.

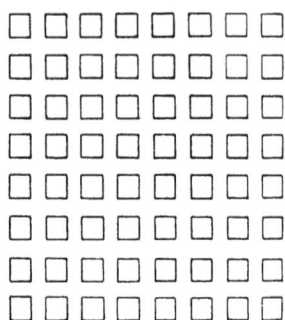  

Fig. 8.　　　　　Fig. 9.　　　　　Fig. 10.

Zahlentafel 6.

Radiator 1250^{II}; Verkleidung nach Fig. 11.

Versuchs-Nr. .	18	19	20
Lufteintritt frei . . .	800 × 300	800 × 300	800 × 300
Luftaustritt vergittert, q in %	800 × 300 44; Fig. 8	800 × 300 48,7; Fig. 9	900 × 300 64,3; Fig. 10
p in %	— 1,0	— 2,2	— 1,6

b) Verschiedene Gitterformen in der Lufteintritts öffnung.

Zahlentafel 7.

Radiator 1250^{II}; Verkleidung nach Fig. 11.

Versuchs-Nr. .	21	22	23
Lufteintritt vergittert, q in %	800 × 300 64,3	800 × 300 48,7	800 × 300 44
Luftaustritt vergittert, q in %	800 × 300 44	800 × 300 44	800 × 300 44
p in %	— 9,0	— 9,0	× 9,0

Die Zahlentafeln 6 und 7 zeigen, daß der Einfluß der Gitterform vernachlässigt werden kann. Aus Versuch 18 bis 20 könnte der irrige Schluß gezogen werden, daß durch Anwendung der Gitter im Luftaustritt die Wärmeabgabe der Radiatoren nur wenig beeinflußt wird. Dem ist aber nicht so, denn die in Zahlentafel 5 enthaltenen gleichartigen Versuche ohne Abdeckung weisen eine Zunahme der Wärmeleistung um rd. 12% auf, so daß auch hier der bedeutende hemmende Einfluß des Gitters in der Abdeckung zu erkennen ist.

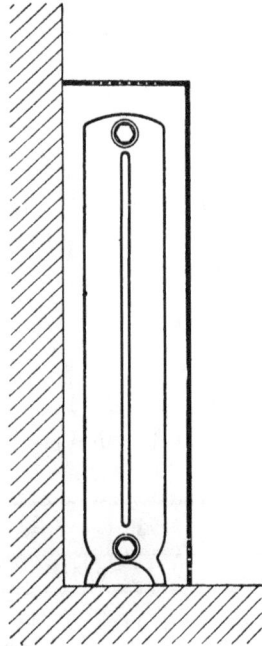

Fig. 11.

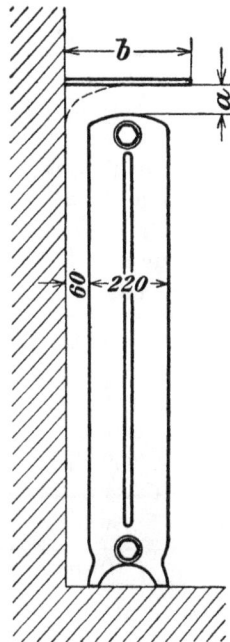

Fig. 12.

II. Hauptversuche.

1. Lateibretter nach Fig. 12.

a) Einfluß der Tiefe der Abdeckung *b* und ihres Abstandes *a* von der Heizkörperoberkante.

Zahlentafel 8.

Radiator 1250^{II}; Verkleidung nach Fig. 12.

Versuchs-Nr.	24	25	26	27	28	29	30	31
b in mm	170				350			
a in mm	10	40	80	100	10	40	80	100
p in %	— 4,5	— 2,5	0	0	— 7,0	— 5,0	— 3,5	— 2,0

Aus Zahlentafel 8 folgt: Schmale, etwa bis zur Grundrißmittelachse des Heizkörpers reichende Lateibretter sind bei einem Abstand von mehr als 80 mm ohne Einfluß, während breite, den ganzen Heizkörper übergreifende Lateibretter auch in dieser Entfernung einen nicht mehr zu vernachlässigenden Einfluß ausüben. Bei Anwendung eines Mindestabstandes des Brettes von 40 mm, der schon aus Gründen der Reinigung keinesfalls unterschritten werden sollte, kann mit einer Verminderung der Wärmeabgabe um 5% gerechnet werden.

Zahlentafel 9.

Radiator 630^{II}; $b = 170$ bis 350 mm.

Versuchs-Nr.	32	33	34	35	36
a in mm	10	40	80	120	180
p in %	— 8,5	— 6,5	— 5,0	— 4,0	— 3,5

Zahlentafel 9 zeigt, daß der Einfluß des Lateibrettes, dessen Tiefe hier vernachlässigt werden kann, noch schärfer, wie bei den hohen Heizkörpern hervortritt. Bei niedrigen Heizkörpern sollte ein Abstand von 80 mm nicht unterschritten werden und es ist für diesen eine Verminderung der Wärmeabgabe von rd. 5% anzunehmen.

b) Einfluß von Luftleitblechen.

Zahlentafel 10.

Radiator 1250^{II} und 630^{II}; Verkleidung nach Fig. 12 mit Leitblechen. Tiefe der Abdeckung $b = 350$ mm.

Versuchs-Nr.		37	38	39	40
Radiator		1250^{II}		630^{II}	
a in mm		40	80	40	80
p in % { ohne Leitblech		— 5,0	— 3,5	— 6,5	— 5,0
mit Leitblech		— 6,5	— 4,5	— 5,0	— 4,0

Aus der Zahlentafel 10 ergibt sich: Der Einfluß der Leitbleche liegt innerhalb der Fehlergrenzen der Versuche und kann somit vernachlässigt werden. Ihre Wirkung ist deshalb so gering, weil sich bei Fehlen des Luftleitbleches an Stelle desselben ein ruhendes Luftpolster ausbildet, das das Leitblech teilweise ersetzt.

c) Versuche mit durchbrochenen Lateibrettern.

Zahlentafel 11.

Radiator 1250^{II}; Verkleidung nach Fig. 12, jedoch die Abdeckung unter Anwendung verschiedener Gitter durchbrochen. Tiefe der Abdeckung $b = 350$ mm, Abstand von Heizkörperoberkante $a = 80$ mm.

Versuchs-Nr.	41	42
Luftaustritt in der Abdeckung vergittert	800 × 220	800 × 220
q in %	48	64
p in %	0	0

Nach Zahlentafel 11 sind durchbrochene und vergitterte Lateibretter auf die Wärmeabgabe der Heizkörper ohne Einfluß.

2. Offene Nischen nach Fig. 13.

Der Heizkörper steht bis zu seiner Vorderkante in der Nische.

a) Einfluß des Abstandes r von der Rückwand.

Zahlentafel 12.

Radiator 630^{II}; Verkleidung nach Fig. 13, Abstand von Heizkörperober-kante $a = 100$ mm.

Versuchs-Nr. .	43	44
r in mm	60	120
p in %	— 6,0	— 11,0

Zahlentafel 12 bestätigt den bereits früher erwähnten schädlichen Einfluß zu großer Abstände von der Rückwand.

b) Einfluß des Höhenabstandes a.

Zahlentafel 13.

Radiator 1250^{II}; Verkleidung nach Fig. 13 $r = 60$ mm.

Versuchs-Nr. .	45	46	47
a in mm	100	80	40
p in %	— 6,0	— 7,3	— 11,0

Aus Zahlentafel 13 folgt: Der Einfluß des Höhenabstandes ist bedeutend und sollte in Übereinstimmung mit den Ergebnissen der Zahlentafel 9 nicht weniger als 80 mm betragen. Bei Einhaltung dieses Abstandes ist mit einer Verminderung der Wärmeabgabe um 8% zu rechnen.

c) Einfluß der Seitenabstände.

Zahlentafel 14.

Radiator 1250^{II}; Verkleidung nach Fig. 13 $r = 60$ mm, $a = 40$ mm.

Versuchs-Nr. .	48	49
s in mm	80	25
p in %	— 11,0	— 11,0

Nach Zahlentafel 14 ist der Einfluß des Abstandes der Seitenwände zu vernachlässigen.

3. Verkleidungen mit Lufteintritt in der Vorderwand und Luftaustritt in der Abdeckung nach Fig. 14.

a) Größe des vergitterten Austrittsquerschnittes.

Zahlentafel 15.

Radiator 1250^{II}; Verkleidung nach Fig. 14.

Versuchs-Nr. .	50	51	52	53	54	55
Lufteintritt frei, mm/mm	800 × 50	800 × 50	800 × 50	800 × 50	800 × 50	800 × 50
Luftaustritt vergittert, mm/mm, $q = 44$ %	800 × 260	800 × 220	800 × 180	800 × 150	800 × 125	800 × 100
p in %	— 12,2	— 13,4	— 19,2	— 25,1	— 30,5	— 34,3

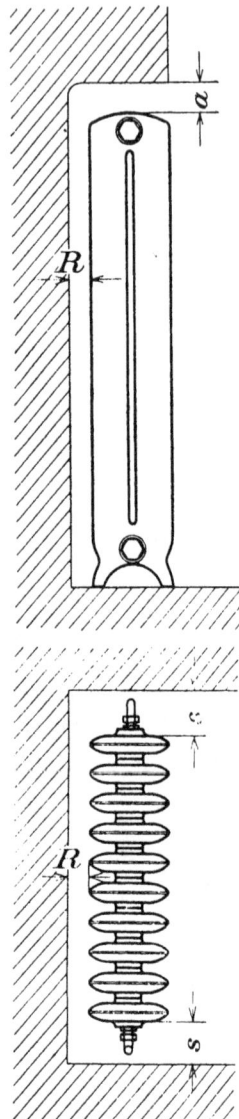

Zahlentafel 15 zeigt, daß die Verringerung der Austrittstiefe von 260 mm auf die Heizkörpertiefe von 220 mm keinen wesentlichen Einfluß ausübt. Ein Herabgehen unter diese Tiefe, die durchwegs leicht innegehalten werden kann, bringt aber, wie die Versuche 52 bis 55 sehr deutlich beweisen, eine außerordentliche Verschlechterung der Wärmeabgabe mit sich.

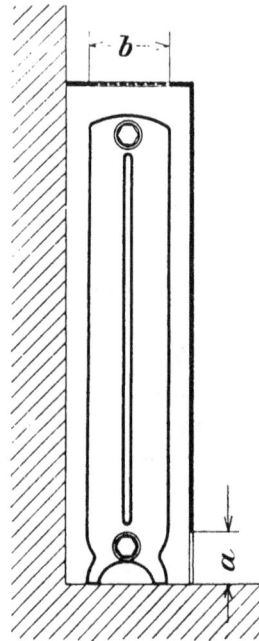

Fig. 13.

Fig. 14.

b) Größe des freien Eintrittsquerschnittes.

α) Hohe Radiatoren; Verkleidung nach Fig. 14.

Zahlentafel 16.

Versuchs-Nr. .	56	57	58	59	60
Radiatoren .	1250 II			1270 III	
Lufteintritt frei, mm/mm .	800 × 50	800 × 80	800 × 130	800 × 50	800 × 100
Luftaustritt vergitt., mm/mm	800 × 260	800 × 260	800 × 260	800 × 230	800 × 230
q in %	44	44	44	44	44
p in %	— 12,2	— 10,5	— 9,0	— 22,0	— 14,0

Vergegenwärtigt man sich zu diesen Versuchen das Aussehen der bezüglichen Verkleidungen, so erscheint es zweckmäßig, eine Verminderung der Wärmeabgabe etwa um 10% zuzulassen. Unter dieser Annahme wird man für zweisäulige Radiatoren 100 mm, für dreisäulige Radiatoren 125 mm als geringste freie untere Schlitzhöhe anzunehmen haben.

β) Niedrige Radiatoren; Verkleidung nach Fig. 14.

Zahlentafel 17.

Versuchs-Nr. .	61	62	63	64
Radiatoren .	630 II		650 III	
Lufteintritt frei. mm/mm .	800 × 50	800 × 100	800 × 50	800 × 100
Luftaustritt vergitt., mm/mm	800 × 220	800 × 220	800 × 230	800 × 230
q in %	44	44	44	44
p in %	— 2,70	— 13,0	— 21,0	— 11,5

Aus Zahlentafel 17 folgt: Niedrige zweisäulige Heizkörper erweisen sich hinsichtlich des Einflusses derartiger Verkleidungen bedeutend ungünstiger als hohe. Besonders zu bemerken ist, daß die heute durchaus nicht selten anzutreffende Verkleidung mit 50 mm freiem unteren Lufteintritt **eine Verminderung der Wärmeabgabe um rd. 25%** herbeiführt. Da man mit Rücksicht auf das Aussehen der Verkleidung auch hier eine Verminderung der Wärmeleistung um 10% für zulässig erachten dürfte, so wäre unter dieser Annahme für zwei- und dreisäulige Radiatoren die untere freie Schlitzhöhe mit 125 mm anzunehmen.

c) Größe des vergitterten Eintrittsquerschnittes.
α) Hohe Radiatoren; Verkleidungen nach Fig. 14.

Zahlentafel 18.

Versuchs-Nr. .	65	66	67	68	69
Radiatoren .	1250 II			1270 III	
Lufteintritt vergitt., mm/mm	800 × 150	800 × 200	800 × 300	800 × 130	800 × 200
q in %	44	44	44	44	44
Luftaustritt vergitt., mm/mm	800 × 300	800 × 300	800 × 300	800 × 230	800 × 230
q in %	44	44	44	44	44
p in %	— 12,0	— 10,5	— 9,0	— 17,0	— 12,0

Auch hier erscheint es mit Rücksicht auf das Aussehen der Verkleidung zweckmäßig, eine Verminderung der Wärmeleistung der Heizkörper von mindestens 10% anzunehmen. Unter dieser Voraussetzung wäre die untere Schlitzhöhe für zweisäulige Radiatoren zu 200, für dreisäulige zu 225 mm zu wählen.

β) Niedrige Radiatoren; Verkleidung nach Fig. 14.

Zahlentafel 19.
Radiator 630 II.

Versuchs-Nr. .	70
Lufteintritt vergitt., mm/mm	800 × 130
q in %	44
Luftaustritt vergitt., mm/mm	800 × 220
q in %	44
p in %	— 26,5

Zahlentafel 19 läßt erkennen: Die gewählte Schlitzhöhe von 130 mm, die bei so niedrigen Radiatoren mit Rücksicht auf das Aussehen der Verkleidung schon als Höchstmaß bezeichnet werden dürfte, führt eine Verminderung der Wärmeabgabe um rd. 25 % herbei. Auch hier zeigt sich der niedrige Heizkörper wesentlich ungünstiger als der

3*

hohe, und die Unzweckmäßigkeit derartiger Ausführungen tritt scharf hervor. Aus diesem Grunde wurde auch der dreisäulige Radiator für diesen Fall nicht weiter untersucht.

4. Verkleidungen mit Luftein- und -austritt in der Vorderwand nach Fig. 15.

Entfernung der Abdeckung von der Heizkörperoberkante 60 mm.

a) E i n - u n d A u s t r i t t s ö f f n u n g f r e i.

a) Hohe Radiatoren; Verkleidung nach Fig. 15.

Z a h l e n t a f e l 20.

Versuchs-Nr. .	71	72	73	74	75	76	77
Radiatoren .		1250 II				1270 III	
Luftein- und Austritt frei, mm/mm . .	800 × 50	800 × 130	800 × 240	800 × 300	800 × 350	800 × 50	800 × 130
p in % { ohne Leitblech	— 23,5	— 17,5	— 13,0	— 10,5	— 4,0	— 25,0	— 19,3
mit Leitblech .	— 22,0	— 15,5	— 7,5	— 4,7	— 0,3	—	—

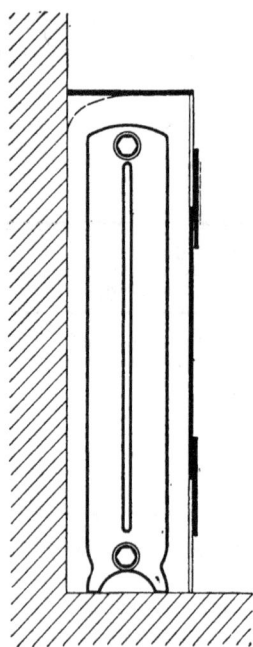

Fig. 15.

Zahlentafel 20 läßt — was auch selbstverständlich ist — erkennen, daß diese Art der Verkleidung wesentlich ungünstigere Ergebnisse liefert wie die mit Luftaustritt in der Deckplatte nach Fig. 12.

Interessant ist die Wirkung der Leitbleche, deren Anwendung bei kleinen Querschnitten eine Verbesserung der Wärmeabgabe nur um 2%[1]), bei größeren eine solche um 5%[1]) mit sich bringt. Da es für praktische Fälle kaum möglich sein dürfte, freie Schlitzhöhen von mehr als 130 mm zu verwenden, so wird man für zwei- und dreisäulige hohe Radiatoren mit einer Verringerung der Heizkörperleistung um rd. 20% rechnen müssen.

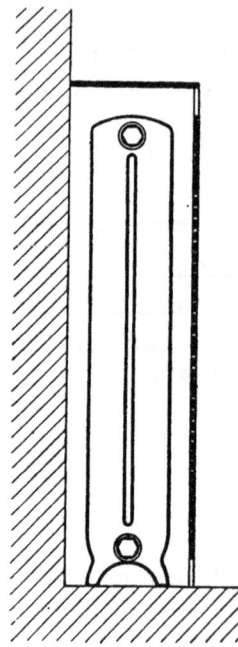

Fig. 16.

β) Niedrige Radiatoren; Verkleidung nach Fig. 15.

Z a h l e n t a f e l 21.

Versuchs-Nr. .	78	79	80	81
Radiatoren .		630 II		650 III
Luftein- u. Austritt frei, mm/mm . .	800 × 50	800 × 100	800 × 50	800 × 100
p in % (ohne Leitblech)	— 39,0	— 22,0	— 32,0	— 16,0

---

[1]) Bezogen auf k.

Die Versuche Nr. 78 und 81 beweisen, daß die in der Praxis nicht selten angetroffenen Verkleidungen mit oberen und unteren Schlitzbreiten von je 50 mm eine **Verminderung der Wärmeleistung um 39 bzw. 32% hervorrufen;** Werte, die man nicht für möglich halten würde, wenn sie nicht durch vierfache Versuchsreihen gedeckt und sicher nachgewiesen wären. Nimmt man auch für niedrige Radiatoren als größte anwendbare Schlitzhöhe 130 mm an, so wird man für zweisäulige Radiatoren mit einer Verminderung der Leistung um rd. 20%, für dreisäulige mit einer solchen von rd. 15% zu rechnen haben. Leitbleche verbessern die Wärmeleistung um rd. 2%.

b) Ein- und Austritt vergittert.

α) Hohe Radiatoren; Verkleidung nach Fig. 15.

Zahlentafel 22.

Versuchs-Nr. .	82	83	84	85	86
Radiatoren .	1250 II			1270 III	
Luftein- u. Austritt vergittert, mm/mm, q in % . . .	800 × 130 44	800 × 240 44	800 × 350 44	800 × 150 44	800 × 240 44
p in % ohne Leitblech . .	— 21,0	— 15,5	— 7,0	— 25,0	— 18,0
mit Leitblech . .	— 18,0	— 13,0	— 5,0	—	—

Auch die Zahlentafel 22 zeigt die wesentlich ungünstigere Wirkung der Verkleidung nach Fig. 15, gegen jene nach Fig. 14. Bei zweisäuligen Radiatoren und einer Schlitzhöhe von 200 mm, und bei dreisäuligen einer solchen von 225 mm wird mit einer Verminderung der Leistung um 20% gerechnet werden müssen. Vergegenwärtigt man sich das Aussehen einer solchen Verkleidung und berücksichtigt gleichzeitig ihre schädliche Wirkung, so wird man am besten von ihrer Ausführung absehen. Auch Leitbleche können hieran nichts Wesentliches ändern.

β) Niedrige Radiatoren; Verkleidung nach Fig. 15.

Zahlentafel 23.

Versuchs-Nr. .	87	88
Radiatoren .	630 II	650 III
Luftein- u. Austritt vergittert, mm/mm q in %	800 × 150 44	800 × 150 44
p in % (ohne Leitblech)	— 33,0	— 24,0

Aus den Versuchen 87 und 88 ergibt sich: Bei oberen und unteren Schlitzhöhen von 150 mm tritt eine Verminderung der Wärmeleistung **von 33 bzw. 24% ein.** Da überdies derartig große Schlitzhöhen für so niedrige Heizkörper kaum anwendbar sind, wären solche Anordnungen aufzugeben.

5. Verkleidungen mit Vorderwand aus perforiertem Blech nach Fig. 16 bzw. 17.

Entfernung der Abdeckung von Heizkörperoberkante 60 mm.

a) Hohe Heizkörper; Verkleidung nach Fig. 16 mit 70 mm hohen Schlitzen oben und unten.

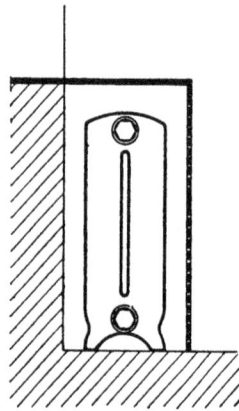

Zahlentafel 24.

Versuchs-Nr. .	89	90
Radiatoren .	1250 II	1720 III
p in % . .	— 19,5	— 20,0

b) Niedrige Heizkörper; Verkleidung nach Fig. 17 ohne Schlitze.

Zahlentafel 25.

Versuchs-Nr. .	91	92
Radiatoren .	630 II	650 III
p in % . .	— 18,5	— 19,7

Fig. 17.

Aus Zahlentafel 24 und 25 folgt: Bei Heizkörperverkleidungen mit Vorderwand aus perforiertem Blech ist für zwei- und dreisäulige, hohe und niedrige Radiatoren mit einer Verminderung der Wärmeabgabe um 20% zu rechnen.

6. Verkleidungen mit Vorderwand aus Gehängen nach Fig. 18, 19, 20 und 21.

Entfernung der Abdeckung von Heizkörperoberkante 60 mm.

a) Einfluß des Abstandes a der Gehänge vom Boden.

Zahlentafel 26.

Radiator 1250 II.

Versuchs-Nr. .	93	94	95	96
Luftaustritt in der Abdeckung mm/mm q in %	800 × 220 44	800 × 220 44	Abdeckg. geschlossen	
a in mm	50	120	50	120
p in %	— 6,0	— 4,5	— 15,5	— 15,0

Aus Zahlentafel 26 folgt, daß der Bodenabstand des Gehänges, falls er zwischen etwa 50 und 100 mm beträgt, von unwesentlicher Wirkung auf die Wärmeabgabe des Heizkörpers ist.

b) Einfluß des Materials und der Form der Gehänge.

Es wurden zwei Arten von Gehängen verwandt; mattes Eisengehänge nach Fig. 18 und 20 und hochglanzpoliertes Messinggehänge nach Fig. 19 und 21.

Zahlentafel 27.

Radiator 1250 II, Abdeckung geschlossen, Abstand des Gehänges vom Boden $a = 50$ mm, Abstand der einzelnen Ketten voneinander $b = 10$ mm.

Versuchs-Nr. .	97	98
Art des Gehänges . .	Eisen nach Fig. 19 und 21	Messing nach Fig. 20 und 22
p in %	— 16,5	— 15,5

Zahlentafel 27 zeigt, daß der Einfluß des Materiales und der Form der Gehänge innerhalb der untersuchten Grenzen vernachlässigt werden darf.

Fig. 18.

Fig. 19.

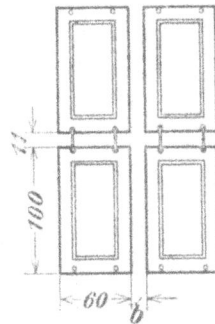

Fig. 20.

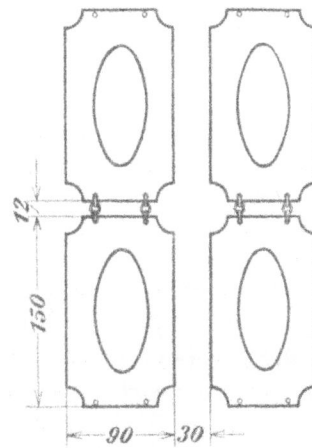

Fig. 21.

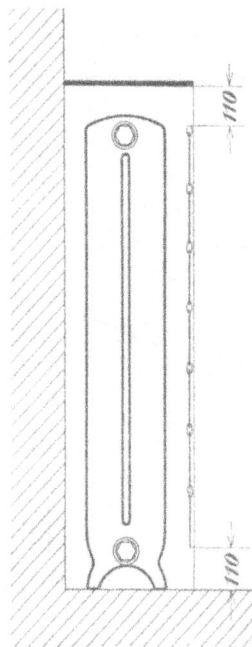

Fig. 22.

c) H o h e H e i z k ö r p e r. (Einfluß des Abstandes b der einzelnen Ketten voneinander.)

Z a h l e n t a f e l 28.

Versuchs-Nr. .	99	100	101	102	103
Radiatoren .	1250^{II}			1270^{III}	
	Luftaustritt in der Abdeckung 800 × 200 mm/mm, $q = 44\%$		Abdeckung geschlossen		
Abstand der Ketten voneinander b mm	15	10	15	10	15
p in % { ohne Leitblech	— 8,5	— 15,0	— 15,0	— 20,5	— 16,0
{ mit Leitblech	—	—	—	— 16,5	—

Aus Zahlentafel 28 folgt: Die Verringerung des Kettenabstandes um 5 mm vermindert die Wärmeabgabe um rd. 5%. Durch Anwendung eines Leitbleches kann die Wärmeleistung der Heizkörper um denselben Prozentsatz gebessert werden.

Bei Gehängen ist für hohe Heizkörper und zwar für zwei- und dreisäulige Radiatoren, einem Kettenabstand von 15 mm und Luftaustritt in der Abdeckung mit einer Verminderung der Wärmeabgabe um 10%, bei geschlossener Abdeckung und Anwendung von Leitblechen mit einer Verminderung der Wärmeabgabe um 10%, bei geschlossener Abdeckung und ohne Leitblech mit einer Verminderung der Wärmeabgabe um 15% zu rechnen. Bei einem Kettenabstand von nur 10 mm verschlechtert sich die Wärmeabgabe um weitere 5%.

d) N i e d r i g e H e i z k ö r p e r. Abstand der einzelnen Ketten voneinander $b = 15$ mm, Bodenabstand $a =$ zwischen 5 und 60 mm.

Z a h l e n t a f e l 29.

Abdeckung geschlossen.

Versuchs-Nr. .	104	105	106
Radiatoren .	630^{II}	650^{III}	650^{III} und Leitblech
p in %	— 37,0	— 31,0	— 26,8

Es sei hier auf folgendes besonders hingewiesen: Der Vergleich der Zahlentafel 24 und 28 läßt erkennen, daß bei hohen Heizkörpern die Gehänge besser bzw. gleichwertig den perforierten Blechen sind. Der Vergleich der Zahlentafel 25 und 29 aber zeigt für niedrige Heizkörper die Gehänge wesentlich ungünstiger wie die perforierten Bleche. Um eventuell Zweifel an der Richtigkeit dieser Beobachtung auszuschließen, wurden die Versuche 92 und 105 wiederholt, die, wie Zahlentafel 30 beweist, das frühere Ergebnis bestätigen.

Radiator 650^{III}. Z a h l e n t a f e l 30.

Versuchs-Nr. .	92	92 a	105	105 a
p in % . .	— 19,7	— 20,0	— 31,0	— 33,0

Aus Zahlentafel 29 und 30 läßt sich folgern: Die Anwendung von Kettengehängen bei niedrigen Heizkörpern und geschlossener Abdeckung erscheint selbst bei einem Kettenabstand von 15 mm und Anwendung von Leitblechen äußerst unzweckmäßig. Die Verhältnisse werden aber wesentlich günstiger, wenn die Abdeckung der Heizkörper durchbrochen wird, in welchem Falle dann, wie Zahlentafel 31 zeigt, eine Verminderung der Wärmeleistung nur um 10% eintritt.

Zahlentafel 31.

Radiator 650 III; Abstand der Ketten voneinander 15 mm, Bodenabstand der Gehänge 60 mm.

Versuchs-Nr. .	107
Luftaustritt in der Abdeckung, mm/mm .	800×230
q in $\%$	44
p in $\%$	$-10{,}6$

e) Einfluß einer oberen freien Schlitzhöhe nach Fig. 22.

Radiator 1250 II.   Zahlentafel 32.

Versuchs-Nr. .	108
Abstand der Ketten voneinander b mm .	15
p in $\%$ ohne Leitblech	$-17{,}0$

Der Vergleich des Versuchs 108 mit dem Versuch 101 zeigt, daß der freie obere Schlitz wohl eine Verbesserung der Wärmewirkung mit sich bringt, daß diese aber nur 2% beträgt. Der Vergleich des Versuchs 108 mit dem Versuch 72 beweist, daß die Gehänge einer vollen Holzwand nahezu gleichwertig sind.

7. Verkleidungen für Radiatoren in Fensternischen mit zwangläufiger Führung der Luft nach Fig. 23 und 24.

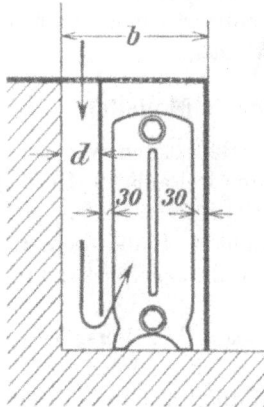 

Fig. 23.   Fig. 24.

Zahlentafel 33.

Radiator 630 II; Luftein- und -austritt vergittert, $q = 44\%$.

Versuchs-Nr. .	109	110	111	112
a in mm ⎫ siehe Fig. 24 ⎰ . .	70	100	150	200
b in mm ⎭ ⎱ . .	350	380	430	480
p in $\%$	$-34{,}7$	$-27{,}0$	$-14{,}0$	$-10{,}0$

Da die Verkleidungen in Fensternischen nicht weit vorbauen dürfen, so werden sie in der Praxis oft mit geringen Wandabständen a ausgeführt. Für diesen Fall aber beträgt, wie die Versuche 109 und 110 beweisen, die Verminderung der Wärmeleistung rd. 25%. Erst bei Verkleidungen, die nahezu 0,5 m in den Raum vorbauen, läßt sich der Prozentsatz auf 10 herabdrücken. Steht also nicht genügend Platz für den Ausbau der Verkleidung zur Verfügung, so erscheint die in Fig. 24 und 25 gekennzeichnete Ausführung äußerst unzweckmäßig.

IV. Versuche an Warmwasserheizkörpern.

Zunächst wurde die Wärmedurchgangszahl k der unverkleideten, 60 mm vor der Wand aufgestellten Radiatoren untersucht. Die Vorlauftemperatur betrug rd. 80, die Rücklauftemperatur rd. 60, die Raumtemperatur rd. 20°.

Zahlentafel 34.

Versuchs-Nr. .	113	114	115	116
Radiatoren .	1250II	1270III	630II	650III
k in WE/1 qm, 1° C, 1 st .	6,3	5,6	7,0	6,2

Aus den Versuchen 113 bis 116 ergibt sich: Die Wärmedurchgangszahl der dreisäuligen Radiatoren ist um rd. 10% geringer, als die der entsprechenden zweisäuligen Heizkörper. Der Einfluß der Heizkörperhöhe beträgt rd. 10%. Da der Ausgleich der gefundenen Werte auf einen gemeinschaftlichen Transmissionskoeffizienten die Versuchsergebnisse verwischt hätte, wurde davon Abstand genommen.

Die in der Zahlentafel 35 zusammengestellten rd. 50 Versuche beweisen, daß die für die Verkleidung von Dampfheizkörpern festgestellten Prozentsätze der Verringerung der Wärmeabgabe unbedenklich für die gleichen Verkleidungen von Warmwasserheizkörpern angenommen werden können.

V. Vergleichsversuche an verschiedenen Modellen.

Alle bisher erwähnten Versuche an zweisäuligen Radiatoren waren an dem Einheitsmodell Deutschland, alle Untersuchungen an dreisäuligen Heizkörpern an einem Lollarmodell Nr. 11 durchgeführt worden. Um festzustellen, ob die so erhaltenen Ergebnisse auch unter Verwendung anderer Radiatoren Geltung haben, wurden mehrere Vergleichsversuche (Dampf) durchgeführt und hierzu benutzt:

1 Radiator 1280III des Eisenwerkes Hilden[1]), ($k = 7,0$, Vers.-Nr. = 161).
1 Radiator 650III der Fa. Gebr. Körting A.-G. ($k = 7,6$, Vers.-Nr. 162).

Die Versuche 85 und 163, 103 und 164, 64 und 165, 92 und 166 beweisen, daß die für die Wirkung von Verkleidungen unter Verwendung von Lollarmodellen gefundenen Werte ohne weiteres für ähnliche Heizkörper mit ähnlichen Verkleidungen angewandt werden können.

VI. Zusammenstellung.

Bei Anwendung der heute üblichen Heizkörperverkleidungen wird — falls deren Abmessungen nicht un-

---

[1]) Altes Modell.

Zahlentafel 35.

Versuchs-Nr.	117, 118	119, 120	121, 122	123—126	127, 128	129—136	137, 138	139—144	145—148	149—152	153—156	157—160
Art der Verkleidung	Lufteintritt in der Vorderwand, Austritt in der Abdeckung nach Fig. 14				Luftein- und austritt in der Vorderwand nach Fig. 15.				Vorderwand aus perforiertem Blech. Fig. 16.	Vorderwand aus perforiertem Blech. Fig. 17.	Messinggehänge, F.22. Abdeckung geschlossen	Eisengehänge, F.21. Abdeckung geschlossen.
Lufteintritt mm/mm	800×300 frei $q=55\%$	800×150 frei	800×200 frei	800×130 $q=44\%$	800×130 $q=44\%$	800×50 frei	800×130 frei	800×150 $q×44\%$				
Luftaustritt mm/mm	800×260 $q=55\%$	800×260 $q=44\%$	800×220 $q=44\%$	800×220 $q=44\%$	800×130 $q=44\%$	800×50 frei	800×130 frei	800×150 $q=44\%$				
1250II Dampf	—2,2	—11,0	—	—	—21,0	—28,7	—17,5	—	—18,5	—	—15,5	—
1250II Wasser	—2,0	—13,0	—	—	—20,0	—25,5	—16,5	—	—16,0	—	—14,0	—
1270III Dampf	—	—	—	—17,0	—	—34,0	—	—22,5	—14,6	—	—16,6	—
1270III Wasser	—	—	—	—18,6	—	—32,0	—	—22,0	—16,6	—	—18,0	—
630II Dampf	—	—	—4,5	—	—	—35,0	—	—40,0	—	—18,5	—	—37,0
630II Wasser	—	—	—3,2	—	—	—38,0	—	—41,0	—	—16,4	—	—40,0
650III Dampf	—	—	—	—15,2	—	—34,0	—	—24,0	—	—19,7	—	—36,6
650III Wasser	—	—	—	—17,5	—	—34,0	—	—28,0	—	—19,0	—	—40,4

p in % u. zwar für Radiatoren

Zahlentafel 36.

Versuchs-Nr.	85	163	103	164	64	165	92	166
Radiatoren	Lollar 1270III	Hilden 1280III	Lollar 1270III	Hilden 1280III	Lollar 650III	Körting 650III	Lollar 650III	Körting 650III
Art der Verkleidung	nach Fig. 15 $q=44\%$ ohne Leitblech, Schlitzhöhe $a=150$ mm		nach Fig. 19, Kettenabstand 15 mm, Bodenabstand 40 mm ohne Leitblech		nach Fig. 14 $q=44\%$ für den Luftaustritt Schlitzhöhe $a=100$ mm frei		nach Fig. 17 $q=55\%$ ohne Leitblech	
p in %	—25,0	—25,1	—16,0	—14,7	—11,5	—11,0	—19,7	—20,0

zweckmäßig gesteigert werden — mit einer Verminderung der Wärmeleistung der Heizkörper gerechnet werden müssen.

In nachstehender Zusammenstellung ist unter Berücksichtigung aller in Betracht zu ziehender Verhältnisse versucht worden, für zwei- und dreisäulige Radiatoren verschiedener Höhe annehmbare Werte der Zirkulationsquerschnitte und der bei ihrer Anwendung auftretenden Verminderung der Wärmeleistung anzugeben.

Es sei bemerkt, daß die Zusammenstellung auf den ersten Blick manchen scheinbaren Widerspruch enthalten mag. Diese Tatsache aber beweist nur, daß man den Einfluß der verschiedenen Verhältnisse: Luftgeschwindigkeits- und Temperaturverteilung der Luft, Widerstand der Luftbewegung, Beeinflussung des Transmissionskoeffizienten durch die veränderte Luftgeschwindigkeit, Wirkung von Wärmeleitung und Strahlung nicht auf Grund oberflächlicher Betrachtungen ermitteln, sondern die Lösung dieser schwierigen Fragen nur durch Versuche herbeiführen kann. Da fast alle durchgeführten Versuchsergebnisse Mittelwerte aus zwei gleichartigen Versuchen sind, so enthält die Zusammenstellung das Ergebnis von fast 350 Versuchen, die in dem Zeitraum eines Jahres durchgeführt wurden.

Es bedeutet:

H die ganze Höhe des Heizkörpers mit Fuß in mm,

k die Wärmedurchgangszahl (Transmissionskoeffizient), der unverkleidet in 60 mm von der Wand aufgestellten Heizkörper in WE/qm, 1^0 C, 1 st.,

p die prozentuale Verminderung der Wärmeleistung bezogen auf den Wert k.

Die angegebenen Werte von p gelten sowohl für Dampf- wie auch Warmwasserheizkörper normaler Fußhöhe, und soweit nichts Näheres angegeben ist, für zwei- **und** dreisäulige Radiatoren.

Die verwendeten Bleche hatten zwischen 40 und 60% freien Querschnitt und beliebige Form der Einzelöffnungen.

Alle Maße sind in Millimetern gegeben.

1. Wärmedurchgangszahlen der unverkleidet, in 60 mm von der Wand untersuchten, glatten Lollarradiatoren.

Die Dampfspannung betrug rd. 1,05 Atm. abs.; die Temperatur des zuströmenden Wassers rd. 80, die des abströmenden rd. 60, die Raumtemperatur im Mittel 20^0 C.

	Radiatoren .	1250III	620II	1270III	650III
k {	Dampf . .	7,9	8,5	6,7	7,3
	Warmwasser .	6,3	7,0	6,0	6,2

1. Lateibretter nach Fig. 12.

Das Brett schneidet mit der Vorderkante des Heizkörpers ab oder übergreift sie um ein Geringes.

Entfernung der Heizkörper von der Rückwand 60 mm.

a) $H = 1280$ bis 1050; Abstand des Lateibrettes von Heizkörperoberkante *a*:

$a =$ unter 20;	$p = -10\%.$
$a = 40 - 80$;	$p = -5\%.$
$a = 100-120$;	$p = 0\%.$

β) H unter 1050; Abstand des Lateibrettes von Heizkörperoberkante *a*:

a unter 40;	$p = -10\%.$
$a = 60-120$;	$p = -5\%.$

Der Einfluß von Luftleitblechen kann vernachlässigt werden. Für Lateibretter in der Grundrißform[1]) des Heizkörpers durchbrochen und vergittert $p = 0\%.$

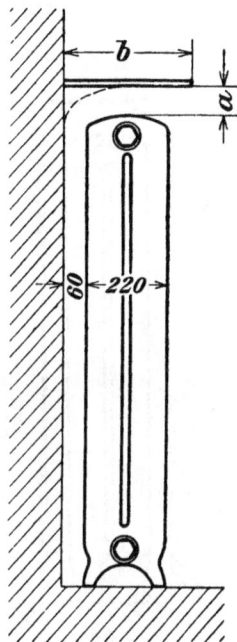 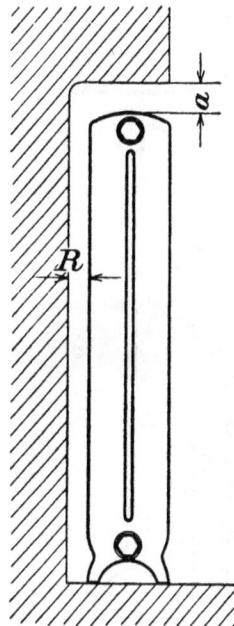

Fig. 12.   Fig. 13.

3. Offene Nischen nach Fig. 13.

Entfernung der Heizkörper von der Rückwand 60 mm; hohe und niedrige Heizkörper. Abstand der Abdeckung von der Heizkörperoberkante

a unter 50;	$p = -12\%.$
$a = 60 - 80$;	$p = -8\%.$
$a = 90-120$;	$p = -5\%.$

Der Einfluß der Seitenabstände ist zu vernachlässigen.

4. Verkleidungen mit Lufteintritt in der Vorderwand und Luftaustritt in der Abdeckung nach Fig. 14.

Luftaustritt in der Form des Heizkörpergrundrisses[1]) vergittert. Entfernung der Heizkörper von der Rück- und Vorderwand je 60 mm.

---

[1]) Ist z. B. der Heizkörper 800 mm breit und 220 mm tief, so muß die Durchbrechung eine lichte Öffnung von 800 × 220 mm/mm erhalten.

A. Zweisäulige Radiatoren.

a) L u f t e i n t r i t t   u n v e r g i t t e r t.

α) $H = 1250$ bis 1050; Schlitzhöhe $a = 100$; $p = -10\%$.

β) H unter 1050; Schlitzhöhe $a = 125$; $p = -10\%$.

b) L u f t e i n t r i t t   v e r g i t t e r t.

α) $H = 1250$; Schlitzhöhe $a = 200$; $p = -10\%$.

β) $H = 1150$; Schlitzhöhe $a = 225$; $p = -15\%$.

γ) $H = 1050$; Schlitzhöhe $a = \begin{cases} 225 \\ 250 \end{cases}$; $p = \begin{cases} -15\% \\ -10\% \end{cases}$.

δ) H unter 1050. Schlitzhöhe $a = 225$; $p = -20\%$.

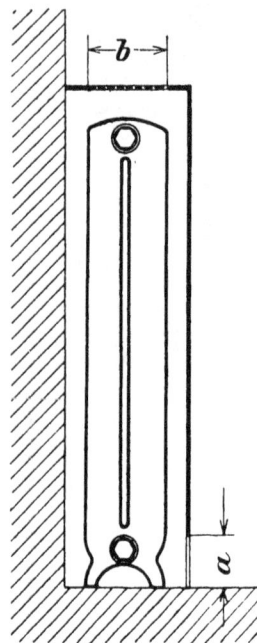 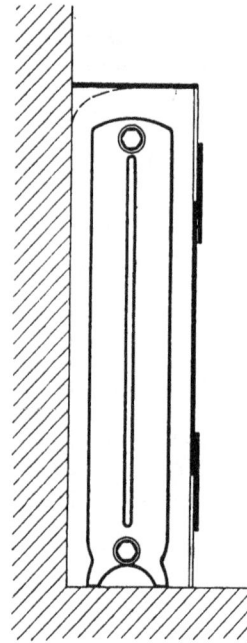

Fig. 14. Fig. 15.

B. Dreisäulige Radiatoren.

a) L u f t e i n t r i t t   u n v e r g i t t e r t.

Für alle Höhen $a = 125$; $p = -10\%$.

b) L u f t e i n t r i t t   v e r g i t t e r t.

α) $H = 1250$ bis 1050; $a = 225$; $p = -15\%$.

β) $H = 880$; $a = \begin{cases} 225 \\ 255 \end{cases}$; $p = \begin{cases} -15\% \\ -10\% \end{cases}$.

γ) H unter 880. Schlitzhöhe $a = 225$; $p = -20\%$.

5. Verkleidungen mit Luftein- und Austritt in der Vorderwand nach Fig. 15.[1])

Entfernung der geschlossenen Abdeckung von der Heizkörperoberkante 60 mm, Abstand des Heizkörpers von der Vor- und Rückwand je 60 mm.

---

[1]) Die Schieber deuten schematisch die veränderliche Schlitzhöhe an.

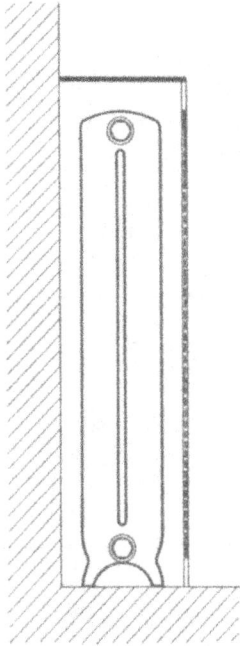

Fig. 16.

Fig. 17.

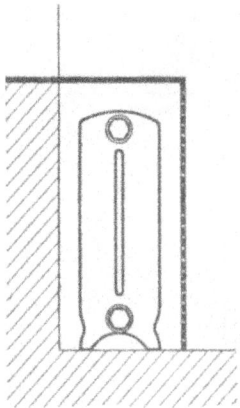

Fig. 23.

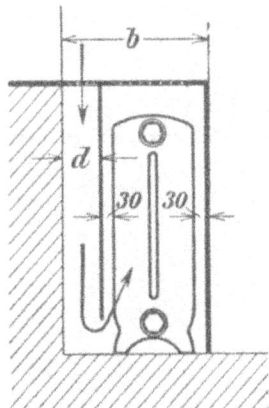

Fig. 18.

Fig. 19.

A. Zweisäulige Radiatoren.

a) L u f t e i n - u n d - A u s -
t r i t t   u n v e r g i t t e r t

Für alle Höhen; obere und untere Schlitzhöhe $a = 130$; $p = -20\%$.

b) L u f t e i n - u n d - A u s -
t r i t t   v e r g i t t e r t

α) $H = 1250$; obere und untere Schlitzhöhe $a = 200$; $p = -20\%$,

β) $H = 1050$; obere und untere Schlitzhöhe $a = 225$; $p = -20\%$,

γ) H unter 1050; Verkleidung entfällt.

B. Dreisäulige Radiatoren.

a) L u f t e i n - u n d - A u s -
t r i t t   u n v e r g i t t e r t

α) $H = 1270$ bis 880; obere und untere Schlitzhöhe $a = 130$; $p = -20\%$,

β) H unter 880; obere und untere Schlitzhöhe $a = 130$; $p = -15\%$.

b) L u f t e i n - u n d - A u s -
t r i t t   v e r g i t t e r t

α) $H = 1270$ bis 880; obere und untere Schlitzhöhe $a = 225$; $p = -20\%$,

β) H unter 880; Verkleidung entfällt.

Die Verkleidungen mit vergittertem Luftein- u. -Austritt in der Vorderwand ergeben derartig ungünstige Formen und so bedeutende Verschlechterungen der Wärmeleistung, daß von ihrer Ausführung überhaupt abzusehen wäre.

6. Verkleidungen mit Vorderwand aus perforiertem Blech nach Fig. 16 und 17.

Entfernung der geschlossenen Abdeckung von Heizkörperoberkante 60 mm, Entfernung des Heizkörpers von

Zahlentafel 37.

Versuchs-Nr.	167	168	169	170	171	172	173	174	175	176
Radiator	glatt 1050 II					glatt 880 III				
Art der Verkleidung	unverkleidet, 60 mm vor der Wand $k = 8{,}05$	nach Fig. 14, Luftaustritt vergittert, $q = 44\%$ Lufteintritt frei	vergittert, $q = 44\%$	nach Fig. 15 Luftein- und -Austritt frei	vergittert, $q = 44\%$	unverkleidet, 60 mm vor der Wand $k = 7{,}33$	nach Fig. 14 Luftaustritt vergittert, $q = 44\%$ Lufteintritt frei	vergittert, $q = 44\%$	nach Fig. 15 Luftein- und -Austritt frei	vergittert, $q = 44\%$
Schlitzhöhen mm		100	250	130	225		125	250	130	225
p in % beobachtet		−11,4	−10,3	−17,8	−19,3		−9,0	−10,0	−18,7	−22,0
p in % aus der Zusammenstellung		−10	−10	−20	−20		−10	−10	−20	−20

Vor- und Rückwand je 60 mm. Hohe Heizkörper mit schmalem freien Lufteinund -Austritt nach Fig. 16, niedrige Heizkörper mit voller Blechwand nach Fig. 17.

$$p = -20\%.$$

Leitbleche verbessern um 5, vergitterter Luftaustritt (von der Form des Heizkörpergrundrisses) in der Abdeckung um 10%.

7. Gehänge nach Fig. 18 und 19.

Entfernung der geschlossenen Abdeckung von der Heizkörperoberkante 60 mm, Entfernung des Heizkörpers vom Gehänge und von der Rückwand je 60 mm, Abstand des Gehänges vom Boden 50 bis 100 mm, Abstand der einzelnen Ketten voneinander 15 mm.

$H = 1250$ bis 1050; $p = -15\%$.

$H = 1050$ bis 750; $p = -20\%$.

H unter 750; Verkleidung entfällt. Leitbleche verbessern um 5, vergitterter Luftaustritt (von der Form des Heizkörpergrundrisses) in der Abdeckung um 10%. Einfluß des Materials der Ketten ist zu vernachlässigen.

8. Verkleidungen von Radiatoren in Fensternischen mit zwangläufiger Führung der Luft nach Fig. 23.

α) Entfernung des Heizkörpers von der Rückwand 200 (Nischentiefe 480), $p = -10\%$.

β) Entfernung des Heizkörpers von der Rückwand 150 (Nischentiefe 430), $p = -15\%$.

γ) Entfernung des Heizkörpers von der Rückwand 120 (Nischentiefe 400), $p = -20\%$.

Den Angaben ist eine Genauigkeit von $\pm 2\%$ beizumessen, derart, daß z. B. statt einer angegebenen Verminderung der Wärmeabgabe von $p = 10\%$, im äußersten Falle eine solche von 8 bzw. 12% auftritt.

Da die in der Zusammenstellung enthaltenen Werte für mittelhohe Heizkörper durch Interpolation gefunden sind, wurden die nachstehenden, in Zahlentafel 37 ausgeführten Kontrollversuche, durchgeführt.

VII. Kontrollversuche.

Die Kontrollversuche bestätigen innerhalb der angegebenen Genauigkeitsgrenzen die in der Zusammenstellung angegebenen Werte.

Vielleicht führen die hier veröffentlichten Versuche — und das wäre die beste Art ihrer Verwendung — dazu, Heizkörperverkleidungen, die nicht nur unhygienisch, sondern auch im höchsten Maße unwirtschaftlich sind, überhaupt zu vermeiden.

Neuere Heizkörper.

In den letzten Jahren sind der Anstalt 70 Heizkörper zur Prüfung überwiesen worden. Hinsichtlich einer ganzen Reihe der Modelle ersuchten die Firmen
um Wahrung des Amtsgeheimnisses, so daß nachstehend leider nur eine verhältnismäßig geringe Zahl der gewonnenen Ergebnisse aufgeführt werden kann. Sie be-
treffen jene Konstruktionen, die entweder zur öffentlichen Besprechung freigegeben wurden oder auf dem Markt erschienen sind, wodurch die Prüfungsanstalt
nach dem in Heft 1 ihrer »Mitteilungen« angeführten Grundsätzen das Recht zur
Bekanntgabe der gewonnenen Ergebnisse erhielt. Nicht alle Konstruktionen
können als Fortschritt im Heizkörperbau bezeichnet werden, denn einige tragen
den heute allgemein anerkannten Forderungen der Hygiene nicht Rechnung,
andere weisen längst übertroffene Wärmeleistungen auf.

Die bei den Versuchen angewandten Methoden sind sowohl für Dampf- wie
auch für Warmwasserheizkörper im Heft 1 der »Mitteilungen« der Anstalt ausführlich beschrieben; etwaige Änderungen sind im Text vermerkt.

Im nachstehenden bedeutet die Wärmedurchgangszahl k (Transmissionskoeffizient) die im Beharrungszustand eintretende, auf 20º C bezogene Wärmeabgabe pro 1 qm Heizfläche, 1º C und 1 Stunde. Die Werte von k sind Mittelwerte aus zwei oder mehreren Versuchen; sie sind auf eine Dezimalstelle
abgerundet und es ist ihnen eine Fehlergrenze von $\pm$ 2% beizumessen.

I. Rippenheizkörper.

1. Schmiedeeisernes Rippenrohr der Firma August Lilge, Finsterwalde,
mit spiralförmig aufgezogenen Scheibenrippen. Fig. 1.

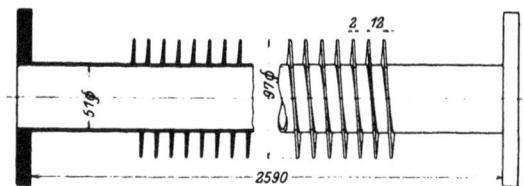

Fig. 1. Schmiedeeisernes Rippenrohr der Firma August Lilge, Finsterwalde.

2. Schmiedeeisernes Rohr mit aufgeschweißten Rippen der Schmiedeeisernen
Rippenrohr- und Stanzwerk-G. m. b. H., Mülheim a. Rhein. Fig. 2.

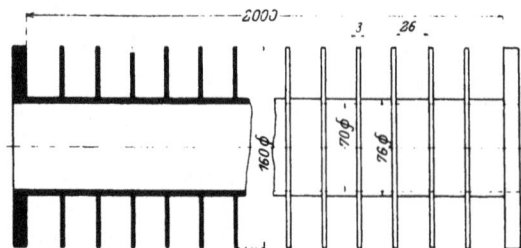

Fig. 2. Schmiedeeisernes Rohr mit aufgeschweißten Rippen der Schmiedeeisernen Rippenrohr- und
Stanzwerk-G. m. b. H., Mülheim a. Rh.

3. Schmiedeeisernes Rohr mit dünnen, durch Blechstreifen versteiften Rippen, Fig. 3. Zur Untersuchung überwiesen vom Patentbüro C. W. F e h l e r t, Berlin.

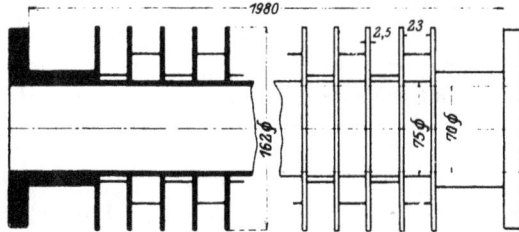

Fig. 3. Schmiedeeisernes Rippenrohr, zur Untersuchung überwiesen vom Patentbüro
C. W. Fehlert, Berlin.

4. Schmiedeeisernes Rippenrohr mit Hohlrippen, nach Fig. 4. Zur Untersuchung überwiesen vom Patentbüro C. W. F e h l e r t, Berlin.

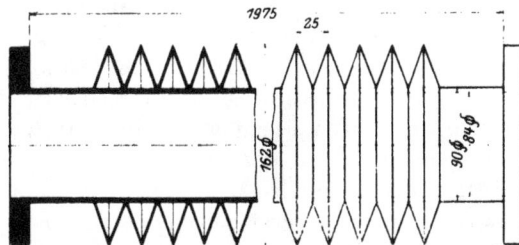

Fig. 4. Schmiedeeisernes Rippenrohr, zur Untersuchung überwiesen vom Patentbüro
C. W. Fehlert, Berlin.

5. Schmiedeeisernes Rohr mit durchlöcherten Hohlrippen, nach Fig. 5. Zur Untersuchung überwiesen vom Patentbüro C. W. F e h l e r t, Berlin.

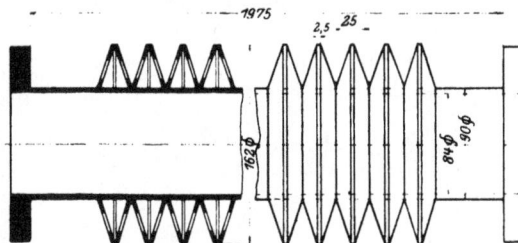

Fig. 5. Schmiedeeisernes Rippenrohr, zur Untersuchung überwiesen vom Patentbüro
C. W. Fehlert, Berlin.

Zahlentafel 1 enthält die wichtigsten Abmessungen der unter 1 bis 5 aufgeführten Heizkörper sowie die bezüglichen Wärmedurchgangszahlen k.

Zahlentafel 1.

	Lilge Fig. 1	Schmiedeeis. R.-R. u. Stanzwerk Fig. 2	C. W. Fehlert		
			Fig. 3	Fig. 4	Fig. 5
Innerer Durchmesser des Rippenrohres . . . . . mm	51	70	70	—	—
Wandst. des Rippenrohres »	1,5	2,75	2,5	—	—
Durchmesser der Rippen . »	96,5	159	162	162	162
Stärke der Rippen . . . »	2	3	2,5	—	—
Rippenabstand . . . . . »	13	26	23	25	25
Wärmedurchgangszahl k . »	5,7	7,3	5,0	4,0	5,7

4*

Öfters wird die Vermutung ausgesprochen, daß die Heizkörper aus Schmiedeeisen infolge der mit diesem Material zu erzielenden geringen Wandstärken bessere Wärmedurchgänge aufweisen müssen, wie ähnliche gußeiserne Konstruktionen. Es läßt sich jedoch leicht nachweisen, daß dies für die Praxis nicht von Bedeutung sein kann. Der Wärmedurchgang der Heizkörper wird sich im allgemeinen nach dem für ebene Platten gültigen Gesetz vollziehen. Dieses lautet:

$$\frac{1}{k} = \frac{1}{a} + \frac{1}{a_1} + \frac{e}{\lambda} \quad \ldots \ldots \ldots \ldots \ldots \text{ 1)}$$

Hierin bedeutet:

a Die Wärmeaustrittszahl, bezogen auf Eisen und Luft. Diese ist abhängig von den in Betracht kommenden absoluten Temperaturen, von der Temperaturdifferenz zwischen Oberfläche und Luft, von der Art der Oberfläche, ihrem Strahlungsvermögen und insbesondere von der Geschwindigkeit bzw. der Wirbelung der vorbeistreichenden Luft. Für Heizkörper gewöhnlicher Anordnung, also ohne künstlich verstärkte Luftbewegung wird a zwischen 3 und 15 anzunehmen sein.

a_1 Die Wärmeeintrittszahl, bezogen auf Dampf bzw. Wasser und Eisen, ebenfalls abhängig von den Temperaturen, der Oberfläche und insbesondere von der Geschwindigkeit bzw. Wirbelung des Heizmittels. Bei Heizkörpern gewöhnlicher Verwendung ist zu setzen:

für Dampf $a_1 = 10\,000$ bis $15\,000$,

für Warmwasser bei Schwerkraftheizung $a_1 \sim 200$,

für Schnellumlaufheizung $a_1 = 400$ bis 8000.

e die Wandstärke 1: für Gußeisen im Mittel 0,005 m, für Schmiedeeisen im Mittel 0,002 m.

λ Wärmeleitzahl des Eisens für Gußeisen ~ 60.

λ Wärmeleitzahl des Eisens für Schmiedeeisen ~ 55.

Aus Formel 1 folgt, daß der Einfluß der Wandstärke auf k sich dann am deutlichsten bemerkbar machen muß, wenn a und a_1 die größten Werte annehmen. Setzt man in diesem Sinne die bezüglichen Zahlen in Gleichung 1 ein, so ergibt sich für Gußeisen

$$\frac{1}{k} = \frac{1}{15} + \frac{1}{15000} + \frac{0,005}{60} = 0,066817$$

$$k = 14,97,$$

für Schmiedeeisen

$$\frac{1}{k} = \frac{1}{15} + \frac{1}{15000} + \frac{0,002}{55} = 0,066770$$

$$k = 14,98.$$

Hieraus geht hervor, daß der Einfluß der Wandstärke und der des Materials zu vernachlässigen ist. Wichtiger für die Wärmeabgabe erscheint die Art der Oberfläche, da diese die Menge der ausgestrahlten Wärme bestimmend beeinflußt, die ihrerseits wieder bis zu 60% an der Gesamtwärmeabgabe des Heizkörpers beteiligt ist[1].

II. Radiatoren.

A. Gußeiserne Radiatoren.

Seit Errichtung der neuen Anstalt wurden 45 gußeiserne Radiatoren zur Prüfung eingesandt. Von einer Mitteilung der bezüglichen Ergebnisse muß zur-

---

[1] Dr.-Ing. Wamsler: Die Wärmeabgabe geheizter Körper an Luft. Heft 98 und 99 der Forschungsarbeiten des V. D. I.

zeit abgesehen werden, da die beteiligten Firmen um Wahrung des Amtsgeheimnisses ersucht haben.

B. Schmiedeeiserne Radiatoren.

6. Schmiedeeiserner Radiator der Siegerländer Herdfabrik. Fig. 6.

7. Schmiedeeiserner Radiator der Rheinisch-Westfälischen Sprengstoff-A.-G., Köln. Fig. 7.

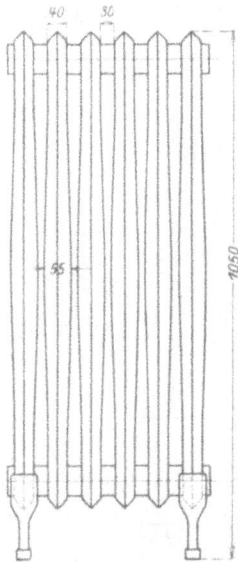

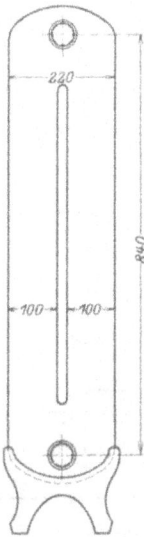

Fig. 6.
Schmiedeeiserner Radiator
der Siegerländer Herdfabrik.

Fig. 8.
Schmiedeeiserner Radiator
d. Rheinisch-Westfälischen
Sprengstoff-A.-G., Köln

Fig. 7.
Schmiedeeiserner Radiator
der Firma Karl Henckell,
Hamburg.

8. Schmiedeeiserner Radiator der Firma Karl Henckell, Hamburg. Fig. 8.

Die Hauptabmessungen der unter 6 bis 8 aufgeführten Konstruktionen gibt Zahlentafel 2, die auch die bezüglichen Wärmedurchgangszahlen enthält.

Zahlentafel 2.

	Siegerländer Herdfabrik Fig. 6	K. Henckell, Hamburg Fig. 8	Rheinisch-Westfälische Sprengstoff-A.-G. Fig. 7		
Höhe der Elemente	1050	770	1100	850	580
Anzahl der Elemente . . .	6	8	6	6	6
Dicke der Elemente	40 ÷ 50	17	20	20	20
k für Dampf als Heizmittel .	5,6	5,3	8,8	9,3	9,9
k für Wasser als Heizmittel .	4,1	—	—	—	—

III. Plattenheizkörper.

9. Schmiedeeiserner Plattenheizkörper der Zenithwerke, G. m. b. H., Dresden, mit Anschluß nach Fig. 9 und 10. Die Dicke des Plattenelementes beträgt 20 mm.

Zahlentafel 3.

Anordnung der Anschlüsse nach	Fig. 8		Fig. 9	
Anzahl der Platten	1	2	2	3
k für Dampf als Heizmittel .	9,8	9,2	8,7	7,4
k für Wasser als Heizmittel .	9,3	9,0	—	—

In Zahlentafel 3 sind die Wärmedurchgangszahlen für Niederdruckdampf und Warmwasserheizkörper ersichtlich, und es fällt auf, daß der Wert für Dampf nur unwesentlich höher liegt als jener für Warmwasser. Es kann vermutet wer-

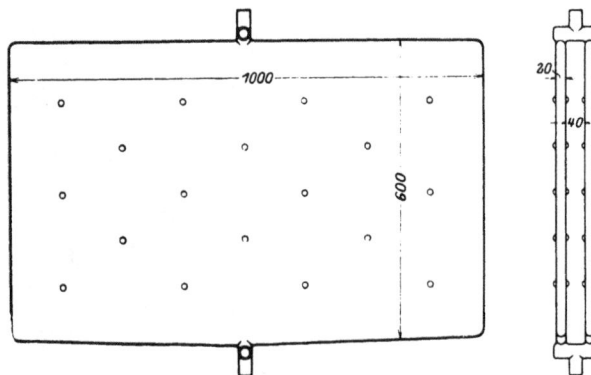

Fig. 9. Schmiedeeiserner Plattenheizkörper der Zenithwerke, G. m. b. H., Dresden.

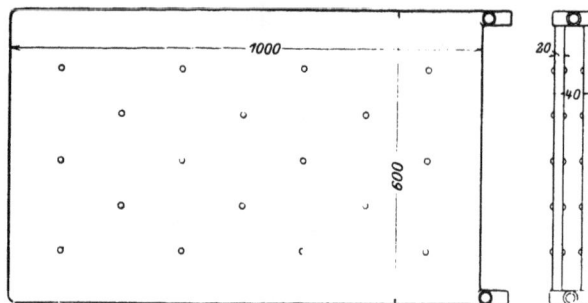

Fig. 10. Schmiedeeiserner Plattenheizkörper der Zenithwerke, G. m. b. H., Dresden.

den, daß die Ursache hierfür in der schwierigen Entlüftung des Heizkörpers liegt, die durch den geringen freien Durchflußquerschnitt der Plattenelemente bedingt ist. Wie weit diese Vermutung zutrifft, kann nur durch Untersuchung von Heizkörpern mit größerem Durchflußquerschnitt festgestellt werden.

IV. Heizkörper besonderer Art.

10. Kupferblechradiator von Dr.-Ing. B r a n d i s , Aachen.

Dr.-Ing. B r a n d i s folgert aus der Erkenntnis des geringen Wertes von a gegen a_1 mit Recht, daß der Widerstand gegen den Wärmedurchgang hauptsächlich im Wärmeübergang zwischen Metall und Luft liegt. Er gibt sonach seinem in Fig. 10 und 11 dargestellten Heizkörper eine verhältnismäßig kleine Berührungsfläche zwischen Dampf und Metall, dagegen eine große Fläche zwischen

Metall und Luft. Zu diesem Zwecke werden Röhren von 7 mm lichter Weite mit den oberen und unteren Verteilungsrohren verbunden und um diese Röhren Kupferbleche angeordnet, die die Wärme von dem in den Röhren fließenden Dampf bzw. Warmwasser mit großer Fläche an die Luft übertragen. Die Kupferbleche

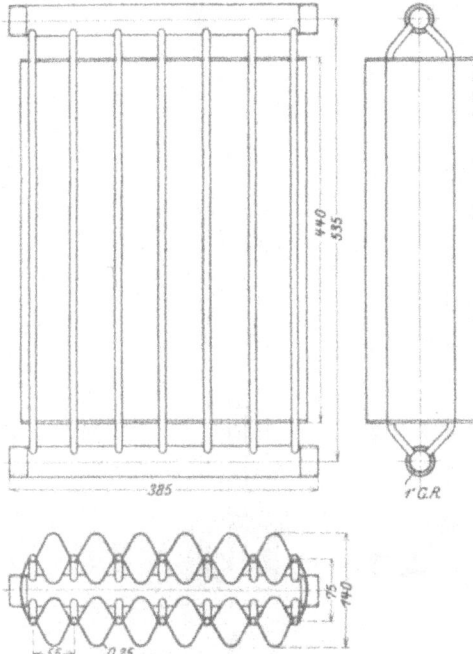

Fig. 11.
Kupferblechradiator von Dr.-Ing. Brandis, Aachen.

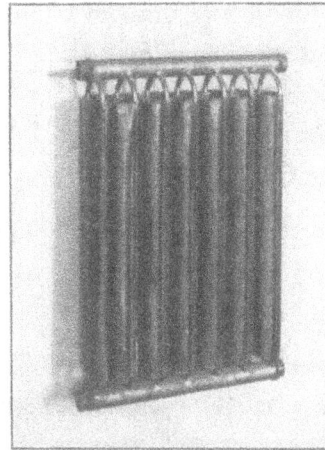

Fig. 12.
Kupferblechradiator von Dr.-Ing. Brandis, Aachen.

bilden rohrartige Kanäle, durch die die Raumluft frei strömen kann, so daß eine entsprechende Luftzirkulation erreicht und auch dadurch eine Erhöhung des Austrittskoeffizienten erzielt wird. Die Hauptabmessungen und Versuchsergebnisse sind folgende:

Direkte Heizfläche . . . . 0,29 qm
Indirekte Heizfläche . . . . 1,78 qm
Höhe des Heizkörpers von Mitte Sammelrohr bis
    Mitte Verteilungsrohr . . . . 535 mm
Anzahl der Elemente 7
Wärmedurchgangszahl für Wasser als Heizmittel,
    bezogen auf die Gesamtheizfläche . . . . . . $k = 4{,}0$
bezogen auf die direkte Heizfläche . . . . $k = 28{,}5$
Wärmedurchgangszahl für Dampf als Heizmittel,
    bezogen auf die Gesamtheizfläche . . . . . . $k = 4{,}6$
bezogen auf die direkte Heizfläche . . . . $k = 32{,}7$
Oberflächentemperatur bei einer mittleren Wasser-
    temperatur von 75° C . . . . rd. 68° C
Oberflächentemperatur bei Dampf . . . . rd. 93° C.

Die in der Zusammenstellung angegebenen, mit Thermoelementen gemessenen Oberflächentemperaturen wurden bei Dampf fast augenblicklich, bei Wasser nach wenigen Minuten erreicht.

11. Heizkörper der Firma G u m t o w & v o n G i l l e t , Wien. Fig. 13.
Der Versuchsheizkörper bestand aus einer Anzahl evakuierter und beider-
seitig zugeschmolzener Glasröhren, die eine kleine Menge Spiritus enthielten.

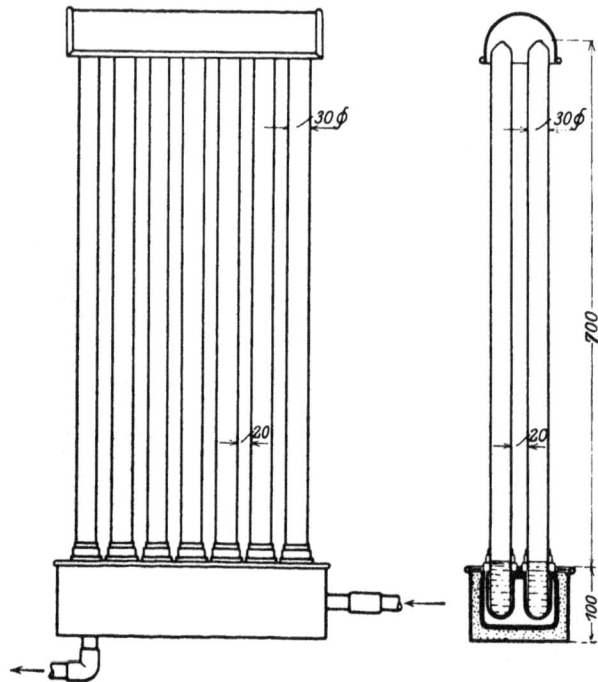

Fig. 13. Glasheizkörper der Firma Gumtow u. v. Gillet, Wien.

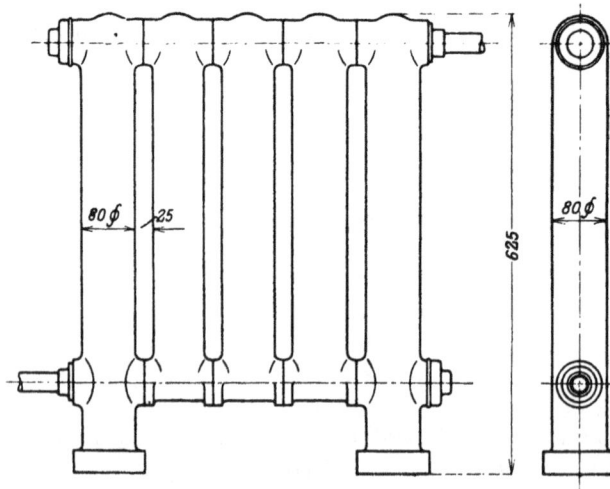

Fig. 14. Keramischer Heizkörper von Dr. med. Eckstein, Teplitz.

Sie paßten genau in Kupferhülsen, die in einem mit Dampf zu speisenden
gußeisernen Untersatz eingedrillt waren. Diese Hülsen übertrugen die Dampf-
wärme auf die Rohre und brachten den Spiritus zum Verdampfen, der nun seiner-
seits die Glasröhren und durch diese die Luft erwärmte. Die Temperatur der

Glasröhren, die durch in diese eingehängte Thermometer ermittelt wurde, war je nach der Höhe des Vakuums verschieden und betrug bei dem Versuch rd. 70° C. Die Temperatur des mit Dampf geheizten Untersatzes betrug naturgemäß 100° C,

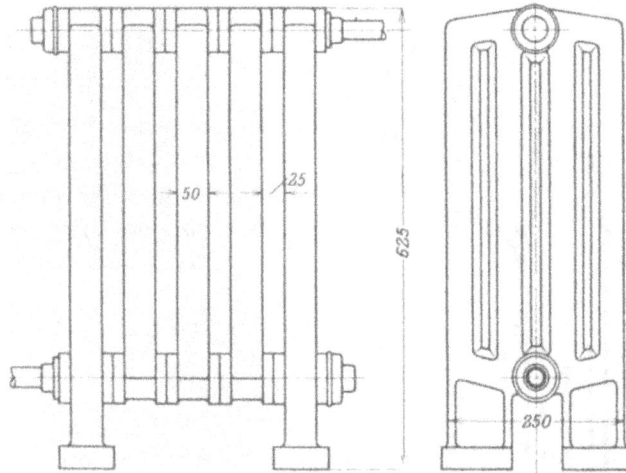

Fig. 15. Keramischer Heizkörper von Dr. med. Eckstein, Teplitz.

weshalb dieser Teil des Heizkörpers zur Erzielung einwandfreier hygienischer Verhältnisse isoliert worden war. Die Wärmedurchgangszahl wurde zu $k = 2,7$ festgestellt. Neuerdings werden statt der Glasröhren gezogene Messingrohre von 0,3 mm Wandstärke verwendet, wodurch nach Angabe der Firma eine größere Wärmeleistung des Heizkörpers erzielt werden soll.

12. Keramische Heizkörper. Dr. med. Eckstein, Teplitz, regte die Herstellung von Heizkörpern aus keramischem Material an, die von der Firma Villeroy & Boch, Dresden, und von der Firma R. Wahliß in Wien in den Handel gebracht wurden. Die in Fig. 14 bis 16 dargestellten Versuchsheizkörper waren auf 60% ihrer Oberfläche glasiert, während 40% die rauhe Oberfläche des keramischen Materials aufwiesen. Die Verbindung der einzelnen Elemente erfolgte durch Zugstangen, die durch die oberen und unteren Nippelreihen griffen; die Dichtung der Elemente wurde durch eingelegte Papierscheiben erzielt. Zahlentafel 4 zeigt die für Niederdruckdampf gefundenen Wärmedurchgangszahlen.

Fig. 16. Keramischer Heizkörper von Dr. med. Eckstein, Teplitz.

Zahlentafel 4.

Ausführungsform nach	Höhe des Heizkörpers	Anzahl der Elemente	Heizfläche in qm	Wärmedurchgangszahl k
Fig. 14	650	5	0,89	8,3
Fig. 15 und 16	650	5	1,97	6,8

4**

Zur Entscheidung der Frage, ob die aus dem keramischen Heizkörper austretenden Feuchtigkeitsmengen im Gegensatz zu Eisenheizkörpern eine Erhöhung
der Raumfeuchtigkeit herbeiführen, wurde in
einem mit einfachen Fenstern ausgestatteten
Versuchsraum von ca. 45 cbm Inhalt ein
keramischer und ein eiserner Heizkörper derselben Fläche mit je zweistündiger Abwechslung
in Betrieb genommen. Die aus dem keramischen Heizkörper durch die nicht glasierte
Fläche austretenden Feuchtigkeitsmengen waren
quantitativ nicht festzustellen und übten auch
auf die im Versuchsraum vorhandene relative
Feuchtigkeit von etwa 45% keinen nachweis-
baren Einfluß aus.

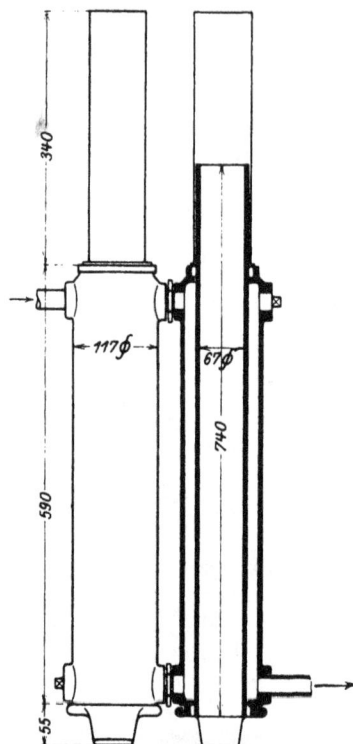

13. Doppelrohrheizkörper der Fischerschen
Weicheisen- und Stahlgießereigesellschaft in
Traisen (N.Ö.). Fig. 17.

Die Konstruktion bringt nach Art gewöhnlicher Doppelrohre auch die innere Seite der Heizfläche mit Luft in Berührung. Die Zugwirkung
des inneren Rohres kann durch ein auf den
Heizkörper aufgesetztes Blechrohr verstärkt
werden, wodurch die Luftgeschwindigkeit er-
höht wird und die Leistung der Heizfläche
steigt. Die Wärmedurchgangszahl wurde nur
für Warmwasser, und zwar wie folgt festgestellt:

Fig. 17. Doppelrohrheizkörper
der Fischerschen Weicheisen- und Stahl-
gießerei-Gesellschaft in Traisen, N.-Ö.

k ohne Aufsatzrohr 6,6

k mit   »   7,9.

Hierbei ist als Heizfläche die Innen- und Außenfläche des Doppelrohres
gerechnet worden.

Es wäre lebhaft zu wünschen, daß auch die übrigen Versuchsergebnisse
recht bald zur Veröffentlichung freigegeben werden.